세상을 바꿀 미래 과학 설명서 2

지속 가능한 사회와 에너지

세상을 바꿀

미래 과학
설명서 2

지속 가능한
사회와 에너지

다른

신나는 과학을 만드는 사람들
이세연, 유화수, 유가연 지음

착한 에너지를 찾아서

2030년이면 현재 있는 직업의 절반이 사라질 거라는 얘기 들어 보셨나요? 그때쯤이면 여러분이 사회에 진출하는 시기인데요. 정말 그럴까 하는 의심이 들죠?

불과 15년 전, 40장씩 10개 반에 배부할 학습지 400장을 통째로 복사해서 나누어 주던 때, 골무를 이용해 종이를 빠르게 셀 수 있게 돼 얼마나 기분이 좋았는지 몰라요. 그런데 2년도 지나지 않아서 40장마다 알아서 간지를 끼워 주는 복사기가 나왔어요. 정말 허무했죠. 지금은 이동하면서 스마트폰으로 인터넷을 하는 일이 익숙하지만 이렇게 된 지도 10년이 채 되지 않았어요. 앞으로는 더 놀라운 일들이 계속 일어날 겁니다.

기술 발전과 더불어 직업뿐만 아니라 우리 생활도 빠르게 바뀌어 나갈 거예요. 미래를 정확하게 예측할 수 있는 사람은 아무도 없습니다. 그렇다고 세상이 어떻게 변하고 있는지 관심을 갖고 공부하지 않는다면 움직이는 러닝머신에 위에서 그냥 멈춰 서 있는 사람이 되고 말 거예요. 특히나 미래 과학 기술은 결과를 누리는 것 못지않게 원리와 과정을 이해하는 일이 중요해요. 우리 삶에 엄청난 변화를 일으킬 미래 과학 기술을 올바르게 볼 수 있는 시각을 기를 수 있도록 말이죠.

《세상을 바꿀 미래 과학 설명서 2: 지속 가능한 사회와 에너지》는 전기, 마실 물, 식량 등 인류의 생존에 꼭 필요한 미래의 에너지 기술을 다룹니다. '에너지' 하면 낡은 주제처럼 느껴져서 자칫 미래와 관계없는 이야기로 보일 수도 있어요. 그러나 과학 기술이 발달하고 인구가 증가하면서 에너지 의존도는 계속 높아질 것이므로 에너지 대책을 세우지 않으면 지속 가능한 미래를 만들어 나갈 수 없습니다.

미래에 에너지를 얻는 방법은 지금과 다를 거예요. 화석 연료 대신 태양빛, 바람, 압력, 열, 정전기 등 우리 주변에서 흔히 얻을 수 있는 신재생 에너지를 전기로 전환해서 쓸 테니까요. 이 에너지원들은 환경오염을 일으키지 않으면서도 충분한 에너지를 제공해 지금보다 깨끗한 세상을 만드는 데 큰 역할을 할 것입니다.

물론 인류 문명을 유지, 발전시키려면 새로운 형태의 에너지원을 찾아내 전기로 전환하는 기술을 개발할 뿐만 아니라 이로써 생길 수 있는 다양한 문제에 관해 충분히 고민하고 바람직한 해결 방법을 찾아야 합니다. 여느 과학 기술과 마찬가지로 에너지 기술 역시 다양한 논쟁을 일으키고 있어요. '신재생 에너지가 화석 연료를 대체할 수 있을까', '발전량이 불규칙한 신재생 에너지를 주요 에너지원으로 쓸 수 있을까', '과연 에너지 기술 개발로 지구 온난화를 막을 수 있을까' 등 논쟁거리가 계속 나오고 있고, 이를 통해 제기된 문제들을 해결하기 위한 연구도 곳곳에서 이루어지고 있습니다.

이 책에는 9개의 에너지 기술과 국제 사회의 협약, 그에 관한 논쟁이 담겨 있습니다. 태양빛을 전기로 전환하는 태양광 발전, 바람으로 거대한 날개를 돌려 전기를 얻는 풍력 발전, 전기 공급자와 소비자를 양방향으로 연결해 에너지 효율을 높이는 스마트 그리드, 환경오염 물질을 배출하지 않는 수소 연료전지 기술을 만나게 될 거예요. 또 버려지는 에너지를 모아 전기로 바꾸는 에너지 하베스팅, 마치 태양처럼 무한한 에너지를 만드는 핵융합 발전, 바닷물을 식수로 만드는 해수 담수화 기술, 식량 위기를 해결할 농업 기술, 기후 변화를 막기 위한 국제 사회의 협약에 대해서도 알게 될 것입니다.

각각의 논쟁에 대한 정답은 없습니다. 그러나 이러한 논쟁은 기술의 한계를 발견하고 대안을 연구하도록 이끄는 중요한 길잡이가 될 것입니다. 인류는 앞으로도 끝없이 에너지 기술을 개발하고 문제를 최소화할 방법을 연구하며 더 나은 세상을, 지속 가능한 사회를 만들기 위해 노력할 것입니다.

미래 과학 기술은 학교에서 배운 과학 원리를 활용한 것이기 때문에 이해하기 어렵지 않답니다. 이 책을 읽으면서 미래 과학 기술이 많은 사람을 행복하게 하는, 사람을 위한 기술로 쓰이려면 우리가 무엇을 해야 할지 고민해 보는 시간을 갖게 되길 바랍니다.

차례

4 수소 연료전지

착한 연료일까,
제2의 석유일까?

5 에너지 하베스팅

버려지는 에너지를
모아서
쓸 수 있을까?

1 태양광 발전

밤에도 전기를
만들 수 있을까?

인류는 지금까지 엄청난 양의 에너지를 써 왔고, 사용량은 점점 더 늘고 있어요. 이 에너지에는 인체에 영양분을 공급하는 식물성, 동물성 음식부터 자동차, 배, 비행기 등을 움직이는 데 필요한 석탄, 석유와 같은 화석 연료, 그리고 현대 문명사회를 지탱하는 중요한 에너지인 전기까지 거의 모든 형태의 에너지가 포함됩니다. 그렇다면 이렇게 오랫동안 사용되고 있는 에너지는 어디에서 온 것일까요? 지구가 생겨날 때부터 지구 어딘가에 숨어 있던 것일까요? 우리가 사용하는 에너지 중 우라늄, 플루토늄 등을 이용한 핵에너지와, 지구와 달의 인력 때문에 생기는 조력 에너지를 제외한 거의 모든 에너지는 태양 에너지가 전환된 것입니다.

우리의 몸 역시 태양 에너지로 가득 차 있습니다. 달리기를 하거나 자전거를 탈 때 몸에서 나는 힘은 우리가 먹은 음식을 통해 몸속에 저장된 태양 에너지입니다. 그리고 음식물에 저장된 에너지는 광합성 작용으로 영양분을 만들어 내는 식물, 또는 이러한 식물을 먹은 동물로부터 난 거예요. 물과 바람을 움직이는 것도 태양 에너지랍니다. 태양 에너지는 강과 바다의 물을 증발시켜 비나 눈의 형태로 떨어뜨리고 다시 강과 바다로 흘러가게 합니다. 태양은 공기를 따뜻하게도 합니다. 태양 에너지를 많이 받는 적도 지역의 공기는 뜨겁고, 적게 받는 극 지역의 공기는 차갑습니다. 이처럼 태양 에너지에 의한 온도 차이 때문에 생기는 공기의 흐름을 '바람'이라고 합니다.

지금까지 인류 문명의 밑거름이 되어 온 화석 연료도 태양 에너지입니다. 석탄과 석유는 태양 에너지가 전환된 여러 식물과 동물이 땅

인간이 쓰는 거의 모든 에너지는 태양 에너지가 전환된 것입니다. 우리의 몸 역시 태양 에너지로 가득 차 있습니다.

속에 묻힌 상태에서 오랜 시간 높은 열과 압력을 받아 에너지원으로 전환된 것이에요. 결국 우리가 사용하는 거의 모든 에너지는 태양 에너지인 셈이지요.

그런데 태양 에너지는 왜 이렇게 여러 과정을 거친 뒤에야 우리가 사용할 수 있는 에너지로 바뀌는 걸까요? 여러 단계를 거칠수록 효율도 떨어지고 시간도 오래 걸리는데 말이에요. 태양 에너지를 곧바로 전기로 전환할 방법은 없을까요?

태양광을 전기로
바꾸는 태양 전지

"와! 미래야, 네 노트북 정말 가볍다."

"이번에 새로 산 건데 무게가 500그램밖에 안 돼."

"정말? 노트북이 어떻게 이렇게 가볍지?"

"배터리가 작거든."

"그러면 사용할 수 있는 시간도 짧지 않아? 엇, 노트북 충전 램프가 깜빡거려. 배터리가 다 되었나 봐."

"창가에 두면 돼. 이 노트북은 햇빛이나 전등 빛으로 충전하는 태양 전지로 작동하거든."

"노트북을 전기 콘센트 없이 쓴다고? 와! 카페에서도 전기 콘센트 옆자리 대신 햇빛이 잘 드는 창가에 앉을 수 있겠네."

광전 현상을 발견하다

인류는 현대에 와서야 태양 에너지를 본격적으로 이용하기 시작했습니다. 태양 전지를 사용해 태양의 빛을 전기로 전환하는 태양광 발전 기술을 개발한 거예요. 태양 전지를 이용하면 중간에 다른 에너지로 전환하는 과정을 거치지 않고 전기를 만들 수 있습니다. 머지않은 미래에는 앞의 이야기처럼 모든 빛에너지를 전기로 만드는 태양 전지가 개발돼 무거운 배터리 없이도 컴퓨터나 스마트폰을 작동시킬 수 있을 거예요.

빛으로 전기를 만들 수 있다는 사실은 1839년 프랑스의 물리학자 알렉상드르에드몽 베크렐Alexandre-Edmond Becquerel이 처음 발견했어요. 이후 1887년 독일의 물리학자 하인리히 헤르츠Heinrich Hertz는 금속 표면에 빛을 비추면 전류가 발생한다는 사실을 발견하고 실험 장치를 만들어 연구했습니다. 그러나 당시의 과학자들은 오늘날 '광전 효과'라고 불리는 이 현상의 원리를 알지 못했어요. 그러다가 1905년 알베르트 아인슈타인Albert Einstein의 광양자 이론에 의해 원리가 밝혀졌습니다. 금속에 빛을 비추면 빛 입자인 광양자photon(광자)가 금속 표면에 있던 전자에 에너지를 주어 전자가 금속 밖으로 튀어나오는 것이지요. 이 현상은 오늘날 카메라, 자동문, 광마우스 등 다양한 장치에 널리 이용되고 있습니다. 아인슈타인은 광양자 이론으로 1921년 노벨 물리학상을 수상했습니다. 이후 반도체 기술의 등장과 발전에 힘입어 무기물인 규소Si(실리콘)를 재료로 하는 무기물 태양 전지가 1954년 발명되었어요. 태양의 빛에너지를 이용하는 시대가 시작된 것입니다.

효율은 높아졌지만 값이 비싼 규소 태양 전지

오늘날 우리가 쓰는 대부분의 태양 전지는 규소 기반의 무기물 태양 전지입니다. 규소 태양 전지는 규소에 서로 다른 불순물을 첨가한 N형 반도체와 P형 반도체를 접합해 만듭니다. 이렇게 만든 태양 전지의 표면에 빛을 비추면 접합면에서 만들어진 전자와 양공(전자가 이동한 빈자리로, 양전하의 특성을 띰)이 각각 N형 반도체와 P형 반도체 쪽으로 이동해 전압이 발생합니다. 대규모 태양광 발전소뿐만 아니라 가정용 발전 장치, 태양광 자동차, 태양광 비행기 등에 설치된 태양 전지들도 대부분 규소 태양 전지입니다.

최초의 태양 전지는 1954년 미국의 벨연구소Bell Lab에서 만든 것으로, 태양의 빛에너지를 전기 에너지로 바꿔 주는 광변환 효율은 4.5퍼

규소 태양 전지. 오늘날 우리가 쓰는 태양 전지의 대부분을 차지합니다.

센트밖에 되지 않습니다. 이렇게 효율이 낮은데 뭘 할 수 있을까 싶겠지만 이 태양 전지는 뱅가드Vanguard라는 인공위성에 쓰였어요. 대기권 밖은 지표면보다 태양의 빛에너지가 훨씬 강하기 때문에 4퍼센트의 효율로도 인공위성에 필요한 전력을 공급할 수 있거든요. 지금도 태양 전지는 지구 주위를 도는 1만 개 이상의 크고 작은 인공위성과 우주 정거장에 에너지를 공급하는 유일한 장치로 쓰입니다.

요즘은 규소보다 효율이 좋은 갈륨비소GaAs로 인공위성용 태양 전지를 만들어요. 갈륨비소 태양 전지는 규소 태양 전지보다 훨씬 작게 만들 수 있고 원재료도 덜 듭니다. 신호 처리 속도도 6배 정도 빠르고 전력 소모량은 3분의 1 수준이에요. 물론 값은 규소 태양 전지보다 수십 배 비싸지만 광변환 효율은 약 40퍼센트로, 16퍼센트 정도인 규소 태양 전지의 두 배가 넘습니다.

저렴하지만 내구성이 낮은 염료감응 태양 전지

규소 태양 전지는 지난 반세기 동안 꾸준히 연구개발된 덕분에 효율이 매우 높아졌지만 재료와 제작 장비가 비싸고 흐린 날에는 충전하기 어렵다는 단점이 있어요. 그래서 규소 태양 전지의 단점을 보완한 차세대 태양 전지들이 잇달아 개발되고 있습니다. 대표적인 차세대 태양 전지는 염료감응 태양 전지DSSC, Dye-sensitized Solar Cell(색소증감 태양 전지), 유기물 태양 전지 등이에요.

혹시 알록달록하고 투명한 태양 전지를 본 적이 있나요? 그게 바

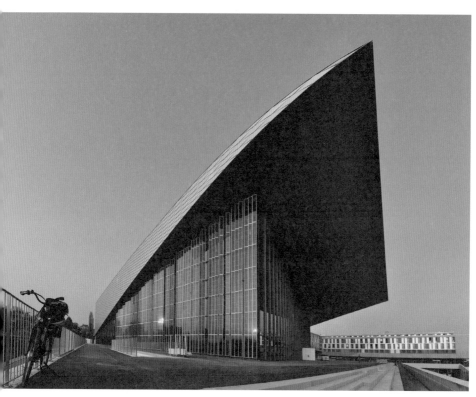

스위스테크컨벤션센터에 설치된 염료감응 태양 전지.

로 염료감응 태양 전지예요. 염료감응 태양 전지는 빛을 흡수해서 전자를 방출시키는 핵심 소재가 감광 염료여서 이름 지어진 것으로, 투명 전극 필름을 붙인 두 개의 유리 기판 사이에 특정 염료를 흡착시킨 나노 입자와 전해질을 채워서 만듭니다. 규소 태양 전지보다 구조가 단순하지요. 반도체가 아니라 감광 염료를 이용한다는 것이 가장 큰 특징입니다. 1991년 처음 개발된 염료감응 태양 전지는 색을 입힌 투명 유리를 이용해 만들었어요.

염료감응 태양 전지는 발전 효율이 11퍼센트 정도로 낮지만 제조 단가는 규소 태양 전지의 3분의 1 정도밖에 되지 않아요. 뿐만 아니라 규소 태양 전지와 달리 흐린 날에도 전기를 충분히 만들 수 있습니다. 전해질로 액체를 사용하기 때문에 내구성이 낮다는 단점이 있지만, 마치 신문을 인쇄하듯이 롤투롤roll to roll 방식의 인쇄 기술을 이용해 제조할 수 있어 적은 비용으로 대량 생산할 수 있다는 장점이 있습니다. 외벽이 유리인 건물에 쉽게 활용할 수 있지요.

저렴하지만 광안정성이 낮은 유기물 태양 전지

염료감응 태양 전지와 함께 미래의 태양 전지 분야를 이끌 차세대 태양 전지는 유기물 태양 전지예요. 유기박막 태양 전지 또는 유기물 플라스틱 태양 전지라고도 부르는데, 염료감응 태양 전지와 마찬가지로 인쇄 기술을 이용할 수 있다는 장점이 있습니다. 발전 효율이 낮고 광안정성(빛에 노출돼도 성능을 유지하는 성질)이 떨어진다는 문제가 있지만 최근에는 염료감응 태양 전지 수준까지 발전 효율을 높여 상용화를 앞두고 있습니다.

유기물 태양 전지는 영국의 캠브리지대학교, 미국의 캘리포니아주립대학교, 프린스턴대학교 등에서 활발히 연구되고 있습니다. 우리나라에서는 서울대학교, 광주과학기술원, 서강대학교 등을 중심으로 연구되고 있어요. 2007년 광주과학기술원 연구팀은 노벨 화학상 수상자인 미국 캘리포니아주립대학교 샌타바버라캠퍼스의 앨런 히거[Alan Heeger] 교수와 공동 연구를 통해 태양의 가시광선은 물론 적외선까지 이용할 수 있는 유기물 태양 전지를 만들기도 했습니다. 당시 유기물 태양 전지의 효율은 5퍼센트가 한계로 여겨졌지만 이들이 만든 전지는 효율이 6.5퍼센트에 이르러 세상을 놀라게 했어요.

단점을 보완한 하이브리드 태양 전지

규소 태양 전지, 염료감응 태양 전지, 유기물 태양 전지 외에 하이브리드 태양 전지도 개발되고 있습니다. 이 태양 전지는 서로 다른 특성을 갖는 두 종류 이상의 태양 전지를 접합해 효율을 높인 것으로, 규소 태양 전지와 염료감응 태양 전지를 접합한 하이브리드 태양 전지가 대표적입니다. 저렴하고 효율이 높은 염료감응 태양 전지의 장점을 활용하면서 액체 전해질 사용에 따른 문제점을 해소하는 새로운 개념의 태양 전지로 평가받고 있어요. 유기물 염료와 무기물 반도체에서 모두 전자를 발생시킬 수 있다는 특징도 있습니다.

차세대 태양 전지 분야에서 우리나라 과학자들은 세계적인 연구팀과 어깨를 나란히 하며 우수한 성과를 보이고 있는데요. 특히 한국화학연구원 연구팀은 무-유기 이종접합 하이브리드 태양 전지를 개발해 원천 기술을 확보하는 성과를 냈습니다.

우리나라의
태양광 발전소

미래네 가족은 올여름 가족 여행지로 전라남도를 택했어요. 맛집이 많다고 소문난 지역이거든요. 미래네는 고속도로를 몇 시간 달려 전라남도 신안에 도착했습니다. 그런데 맛집은 보이지 않고 이상한 광경만 눈에 들어왔어요. 햇빛을 반사해 반짝이는 파란색 유리들이 끝없이 펼쳐져 있었어요. 호기심이 생긴 미래는 아빠에게 물었습니다.

"아빠, 배가 고파서 신기루가 보이나 봐요. 저게 다 뭐예요?"

"태양 전지를 펼쳐 놓은 태양광 발전소야."

"발전소인데 왜 굴뚝이 없어요? 제가 알던 발전소랑 너무 다르게 생겼어요."

미래는 굴뚝으로 연기를 뿜는 화력 발전소와 사뭇 다른 태양광 발전소가 신기하기도 하고 이상하기도 했어요.

미국 네바다주의 넬리스 공군 기지에 있는 태양광 발전소.

세계 곳곳의 대규모 태양광 발전소

태양 전지를 이용한 대표적인 기술은 대규모 태양광 발전이에요. 세계 최대의 태양광 발전소 중 하나인 독일 작센주의 발트폴렌츠태양광발전소Waldpolenz Solar Park에는 축구장 200개 넓이에 규소 박막 태양 전지가 펼쳐져 있는데, 최대 출력이 40메가와트MW(W는 1초당 에너지)예요. 약 4만 가구에 전력을 공급할 수 있는 양이랍니다. 미국 네바다주의 넬리스 공군 기지에는 7만 2,000장의 태양 전지로 만든 14메가와트급 태양광 발전소가 있어요. 북미 최대 크기로, 사람들이 넬리스에서 쓰는 총 전력량의 25퍼센트를 공급합니다. 아직은 태양광 발전의 발전량이 태양열 발전이나 화력 발전보다 적지만 미국 캘리포니아주에 짓고 있는 55메가와트급의 토파즈태양광농장Topaz Solar Farms이나 인도 라자스탄주에 지을 예정인 4,000메가와트급의 발전소처럼 규모는 점점 커지고 있습니다. 석탄 화력 발전소와 맞먹는 전력을 생산하는 태양광 발전소가 늘고 있어요.

우리나라에도 여러 곳에서 대규모 태양광 발전이 이루어지고 있습니다. 국제에너지기구IEA, International Energy Agency의 보고서에 의하면 우리나라가 2015년 세계 태양광 발전 연간 설치용량 7위에 올랐어요. 넓지 않은 면적임에도 태양광 발전이 활발하게 이루어지고 있습니다.

최초의 태양광 발전소, 아차도발전소

우리나라 최초의 태양광 발전소는 아차도발전소입니다. 1980년 6월 4일 강화군 아차도의 아차분교 옥상에 태양 전지를 설치해서 만든 소규모 발전소예요. 60여 명의 주민이 마음껏 사용할 만큼 전기가 만들어지길 기대했지만 텔레비전 같은 가전제품을 겨우 작동시키는 정도에 그쳤습니다.

충청남도 태안의 LG태안태양광발전소

2008년 7월 본격 가동한 LG태안태양광발전소는 국내 최대 규모의 태양광 발전소로 꼽힙니다. 잡초도 자라지 않는 폐염전을 활용해 지은

이 발전소는 발전 규모 14메가와트에 발전 효율 약 17퍼센트로, 하루 4시간 발전으로 8,000여 가구에 전기를 공급할 수 있습니다. 또한 연간 약 1만 200톤의 이산화탄소 CO_2를 줄임으로써 온실 효과를 막는 데 기여하고 있어요. 외국의 대규모 태양광 발전소에 비하면 작은 규모인데, 우리나라의 지리적 여건을 고려하면 앞으로도 발전소의 크기를 키우기보다 태양 전지의 발전 효율을 높여 화력 발전소, 핵발전소 등과 경쟁할 것으로 전망됩니다.

태양광 발전의 성능을 최대한 끌어올리려면 먼저 기상 여건이 받쳐 줘야 합니다. 그중에서도 특히 온도, 강수량, 풍속 조건이 중요합니다. 흐리거나 비 오는 날이 많으면 햇빛을 받는 시간이 짧기 때문이지요. 또 태양 전지 표면의 온도가 너무 올라가면 발전 효율이 떨어지기 때문에 적당한 바람도 필요합니다. 바람은 태양 전지 표면의 먼지와 이물질을 없애고 온도를 낮춥니다. 물론 고도가 높거나 바람이 세게 부는 곳이라면 강한 바람을 견딜 수 있는 구조물도 세워야 합니다.

기상청은 지역별로 20년 평균 일사량, 일조 시간, 기온, 강수량, 안개 일수, 연무 일수 등을 관측해 태양 기상자원 지도를 만들고 있습니다. 이를 참고하면 태양광 발전에 적당한 지역을 찾을 수 있어요. 태양 에너지 자원 분석에 필요한 대표적인 자료인 일사량 분포도를 보면 우리나라 중서부, 남해안, 태안반도 일대의 평균 일사량이 높다는 것을 알 수 있습니다.

〈태양자원지도 평균 일사량〉(1988~2007년)

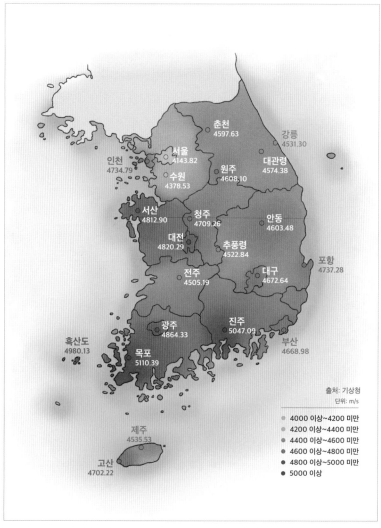

춘천
4597.63

강릉
4531.30

서울
4143.82

대관령
4574.38

인천
4734.79

수원
4378.53

원주
4608.10

서산
4812.90

청주
4709.26

안동
4603.48

대전
4820.29

추풍령
4522.84

포항
4737.28

전주
4505.19

대구
4672.64

흑산도
4980.13

광주
4864.33

진주
5047.09

목포
5110.39

부산
4668.98

출처: 기상청
단위: m/s

● 4000 이상~4200 미만
● 4200 이상~4400 미만
● 4400 이상~4600 미만
● 4600 이상~4800 미만
● 4800 이상~5000 미만
● 5000 이상

제주
4535.53

고산
4702.22

© 안희원

전라남도 신안의 동양태양광발전소

2008년 11월에는 축구장 93개 크기, 24메가와트 규모의 국내 최대 태양광 발전소인 동양태양광발전소가 전라남도 신안군 간척지에 문을 열었습니다. 계절별, 시간대별로 태양광의 입사각을 계산해 태양 전지가 태양의 위치를 따라가도록 만든 추적식 발전 시스템을 갖췄어요. 이 시스템을 적용한 발전소 중에서는 세계 최대 규모입니다. 발전 효율은 약 15퍼센트며 하루 평균 4시간 발전으로 약 1만 가구에 전기를 공급할 수 있습니다.

동양태양광발전소의 발전으로 줄일 수 있는 이산화탄소 배출량은 연간 2만 5,000톤 정도인데, 이는 자동차 약 3만 대가 1년 동안 배출하는 이산화탄소 양과 비슷합니다. 이처럼 태양광 발전은 전력을 생산할 뿐만 아니라 이산화탄소 배출량을 줄여 환경에 미치는 영향을 최소화한다는 면에서 매우 긍정적인 발전 방식입니다.

경상북도 김천의 에너빅스김천태양광발전소

LG 태안태양광발전소, 신안 동양태양광발전소와 더불어 국내 3대 태양광 발전소로 꼽히는 곳이 에너빅스김천태양광발전소입니다. 순간 발전 용량은 18.4메가와트고, 하루 평균 4시간 발전으로 김천 지역 총 가구의 15퍼센트에 전력을 공급할 수 있습니다. 뿐만 아니라 이산화탄소 배출량을 연간 1만 7,000톤 정도 줄일 수 있습니다.

태양광
자가 발전의 시대

유난히 무더웠던 여름이 지나고 전기 요금 고지서를 받은 서현 엄마
는 울상이 되었어요.

"에어컨 조금 틀었다고 전기 요금이 이렇게 많이 나오다니!"

그런데 비슷하게 전기를 사용한 미래네는 전기 요금이 많이 나오
지 않았어요.

"미래 엄마, 미래네는 왜 그렇게 전기 요금이 적게 나왔어?"

"지난봄에 설치한 베란다 태양 전지 덕분이지."

미래네는 베란다에 설치한 태양 전지로 필요한 전력을 보충했어
요. 덕분에 서현네보다 적은 양의 전기를 한국전력공사로부터 받아서
썼답니다.

베란다 태양광을 설치하다

태양 전지로 전력을 생산하고 이산화탄소 배출을 줄이는 일은 대규모
태양광 발전소에서만 가능한 것이 아닙니다. 건물에 태양 전지를 설치
하는 방법도 있어요. 사람들은 집, 학교, 사무실에서 생활하는 동안 빛
과 온도를 조절하기 위해 많은 양의 전기 에너지를 소비합니다. 바로
이러한 공간에 태양 전지를 설치하면 발전소에서 공급받는 전력을 줄
이거나 아예 '0'으로 만들 수 있어요. 심지어 전력을 팔아 이윤을 남길

핀란드 헬싱키의 생태 주택 지역에 있는 아파트로, 베란다에 태양 전지를 설치해 놓은 모습입니다.

수도 있습니다. 이처럼 태양 전지를 건물 옥상이나 지붕, 아파트 베란다 등에 설치해 전기를 자급하는 방식을 '태양광 자가 발전'이라고 합니다.

　예전에는 주로 옥상이나 지붕에 태양 전지를 설치했는데 요즘에는 아파트 베란다에 소형 태양 전지를 설치하는 경우가 많습니다. 이 '베란다 태양광'은 한두 장의 태양 전지 모듈로 구성되며, 용량은 보통 100~300와트고 설치 비용도 비싸지 않습니다. 게다가 설치도 간단합니다. 태양광 인버터(직류 전력을 교류 전력으로 바꾸는 장치)에 연결된 플러그를 콘센트에 꽂기만 하면 되지요. 이렇게 설치한 베란다 태양광을 최대치로 이용하면 낮 시간대 냉장고의 소비 전력 정도는 충당할 수 있어요.

2013년 서울시에서 시행한 베란다 태양광 시범 사업에 참여한 가구들은 250와트짜리 소형 태양 전지로 매달 약 20킬로와트시^{kWh} (1Wh=1W×1h)의 전기를 생산했습니다. 이후 서울시를 비롯한 9개 지방 자치 단체는 설치비의 50~70퍼센트인 30~50만 원을 지원하며 태양광 자가 발전을 확산시키고 있습니다.

태양 전지를 설치하는 방법

그렇다면 모든 아파트 베란다에 당장 태양 전지를 설치할 수 있을까요? 그렇지는 않습니다. 먼저 각 지역의 태양광 정보를 제공하는 지도를 보고 설치 가능 여부를 확인해야 해요. 이러한 지도에는 서울시가 개발한 '햇빛지도'와 태양광 전문 기업이 제공하는 '해줌 햇빛지도'가 있습니다.

서울시 햇빛지도는 서울 시내 건물의 지붕과 옥상에 입사되는 태양 에너지 잠재량을 계산해 줍니다. 웹사이트 solarmap.seoul.go.kr에 접속해 '햇빛 주제도 조회'에서 건물을 검색하면 연평균 태양광 에너지 등급을 확인할 수 있어요. 모의실험도 가능합니다. '태양광 발전량 시뮬레이션'에서 건물을 검색하고 설치 방위와 각도를 입력하면 태양광 입사량, 연간 전기 생산량, 월간 전기 생산량, 비용 설감액, 이산화탄소 감소량 등을 계산해서 보여 줍니다. '태양광 미니 발전소'를 클릭하면 태양광 미니 발전소에 관한 정보와 설치 가격, 신청 방법 등도 확인할

서울시 햇빛지도 웹사이트. 서울의 태양광 정보를 제공합니다.

수 있습니다.

해줌 햇빛지도는 우리나라 전 지역의 정보를 제공합니다. 이용 방법은 서울시 햇빛지도와 비슷합니다. 웹사이트 haezoom.com/solarmap에 접속해 지도에서 원하는 건물을 선택하면 연간 발전량과 발전 판매 수익성 정보를 계산해 줍니다.

에너지공단은 전력 소비량에 따라 적절한 용량의 태양 전지를 설치하도록 권장하고 있어요. 일반적으로 주택용 태양광 발전은 3킬로와트 용량의 태양 전지를 사용합니다. 한 달 평균 전력 소비량이 350킬로와트시 이하면 3킬로와트 태양 전지로 충분하고, 300킬로와트시 이하면 2킬로와트도 충분합니다.

전기 요금을 얼마나 줄일 수 있을까

한 달에 300킬로와트시를 소비하는 가구가 2킬로와트 태양 전지를 설치할 경우 태양 전지의 예상 발전량은 '2킬로와트×99시간(30일×3.3시간)=198킬로와트시'입니다. 이때 3.3시간은 하루 평균 발전 시간으로, 태양광 설치 방식과 지역별 일조량에 따라 다릅니다. 예를 들어 남부 지방이면 3.4시간으로, 중부 지방이면 3.2시간으로 잡는 것이 적절합니다.

전력 소비량이 300킬로와트시일 경우 일반 주택의 한 달 전기 요금은 약 4만 4,390원입니다(한국전력공사 웹사이트 home.kepco.co.kr의 전기 요금 계산기 참고). 그런데 태양광 자가 발전으로 한국전력공사에서 공급받는 전력량이 102킬로와트시로 줄면, 전기 요금은 7,290원으로 떨어집니다. 매달 3만 7,100원 절약되는 셈입니다. 주택용 전기 요금은 소비량이 많을수록 구간별 요금이 가파르게 오르는 누진제를 적용하기 때문에 절약할수록 혜택이 커집니다. 전기 요금이 오를 경우 절약 폭은 더 커질 것입니다.

태양광 발전의
최대 단점을 극복하다

태양광 발전의 가장 큰 문제는 해가 지면 발전할 수 없다는 것입니다. 전기 에너지를 대규모로 저장할 기술이 부족한 상황에서 밤에 전력을 생산하지 못한다는 것은 큰 단점입니다. 하지만 과학 기술이 발달하면서 머지않아 이 문제도 해결될 듯합니다.

세계를 연결해 24시간 발전하다

태양은 온종일 지구를 비춥니다. 다만 지구의 자전 때문에 한쪽이 낮이면 반대편은 밤이 되지요. 어쨌거나 지구에는 언제나 태양광 발전을 할 수 있는 지역이 존재합니다. 여기서 단서를 얻어 계획된 것이 바로 미국의 제네시스 태양 에너지 사업The Genesis Solar Energy Project입니다. 낮인 지역에서 태양광 발전을 하고, 여기서 만들어진 전기를 밤인 지역에 초전도 케이블(특정 온도 이하에서는 전기 저항이 없는 케이블)로 보내는 것입니다. 그러면 온종일 태양광을 이용해 전기를 만들고 사용할 수 있습니다. 전 세계의 사막에 거대한 태양광 발전소를 세우고 낮인 세계에서 밤인 세계로 전기를 보내는 이 사업은 2030년 현실화하는 것을 목표로 진행되고 있습니다.

우주에서 발전해 지구로 보내다

또 다른 방법도 있습니다. 바로 우주 태양광 발전SBSP, Space-based Solar Power입니다. 지구의 태양광 발전은 대기, 구름 등 자연의 영향을 받을 수밖에 없는데요. 우주의 정지 궤도에서는 이러한 제약이 없어 태양광 발전으로 지구보다 약 10배 많은 전기를 만들 수 있다고 해요.

우주 태양광 발전은 적도 상공 약 3만 6,000킬로미터에서 대규모 태양광 발전을 한 뒤 마이크로파를 이용해 지상으로 전력을 보내는 방식으로 진행됩니다. 마이크로파는 구름의 영향을 거의 받지 않기 때문에 우주에서 만든 전력의 약 97퍼센트를 땅으로 보낼 수 있습니다. 물론 태양 전지에서 만든 전력을 마이크로파로 변환하고 땅에서 다시 마이크로파를 전력으로 변환할 때 손실이 각각 20퍼센트 정도 되기 때문에 실제로 사용할 수 있는 전력은 64퍼센트(80퍼센트×80퍼센트=64퍼센트)로 줄지만, 우주에서의 발전 전력이 지상의 10배 정도이기 때문에 결과적으로 땅에서 발전할 때보다 약 6배 높은 효율을 얻을 수 있습니다. 이 밖에도 태양 에너지를 실질적인 에너지원으로 만들려는 노력은 세계 곳곳에서 다양하게 이루어지고 있습니다.

미래의 태양광 발전과 그것이 가져올 미래

지난 60여 년 동안 규소 태양 전지로 대표되는 무기물 태양 전지는 우리 삶에 많은 영향을 끼쳤습니다. 비록 무겁고 비싸지만 무기물 태양 전지가 없었다면 대규모 태양광 발전은 물론이고 인공위성, 우주 정거장으로 대표되는 우주 시대도 오지 않았을 거예요. 위성위치확인시스템GPS, Global Positioning System이 없으니 내비게이션, 실시간 지도 서비스도 이용하지 못했을 테고, 태양 전지를 이용한 전자계산기도 쓰지 못

독일에서 가장 높은 산의 꼭대기에 설치된 태양광 발전 장치.

했을 겁니다.

차세대 태양 전지가 일반화되면 지금과는 비교할 수 없을 만큼 세상이 달라질 거예요. 종이처럼 접거나 말아서 보관하고 아무 곳에서나 펼쳐서 사용할 수 있는 태양 전지가 등장할 겁니다. 그러면 공원 잔디밭에 태양 전지를 펼쳐 놓고 노트북이나 스마트폰을 사용할 수도 있고, 아예 태양 전지를 옷에 붙여서 전기를 만들어 쓸 수도 있습니다. 옷뿐만 아니라 모든 사물에 태양 전지를 붙여 네트워크에 필요한 전력을 만들 수도 있지요. 이는 물체 하나하나에 전력이 필요한 사물인터넷IoT, Internet of Things 세상에 매우 유용한 방식이 될 겁니다.

우리나라 산간 지역을 비롯해 세계 곳곳에는 아직도 전기를 공급받지 못하는 지역이 많습니다. 전봇대와 송전선을 설치하는 데 비용이

국제 우주 정거장의 태양 전지. 우주에서 전기 에너지를 만들 유일한 수단입니다.

너무 많이 들거나 지형이 험해 설치 자체가 불가능한 곳들이지요. 전기가 공급되지 않을 때 겪는 가장 큰 어려움은 빛을 쓸 수 없다는 거예요. 전자제품도 사용할 수 없기 때문에 문명과 동떨어진 생활을 해야 하는 것은 물론이고, 음식과 약품을 보관하기도 어렵습니다. 태양 전지를 설치하면 이런 지역에서도 손쉽게 전기를 만들어 사용할 수 있어요. 남극과 북극에서도, 뜨거운 태양이 내리쬐는 사막에서도 전기를 만들어 쓸 수 있습니다.

그중에서도 태양 전지가 가장 유용하게 쓰이는 곳은 바로 지구 밖 우주입니다. 인공위성과 우주 정거장, 우주 탐사선 등을 작동시키려면 태양 전지가 반드시 필요합니다. 대안이 없어요. 태양 전지 없이 지구 밖에서 할 수 있는 일은 사실상 아무것도 없습니다. 아주 먼 미래에 인간이 우주에서 살아갈 때도 태양 전지는 전기를 만들 거의 유일한 수단이 될 것입니다.

지구에 쏟아지는 태양광을 1시간 동안 모으면 인류가 1년 동안 쓸 에너지를 충당할 수 있다고 합니다. 그만큼 태양은 엄청난 잠재력을 가진 에너지원이에요. 게다가 사실상 무한합니다. 1만 년 가까이 태양 에너지를 간접적으로만 이용하다 최근에야 직접 이용할 방법을 연구하기 시작한 인류는, 앞으로 더욱 적극적으로 해답을 찾기 위해 노력할 것입니다. 미래는 우리가 태양광 발전 기술을 언제, 어떻게 발달시키느냐에 따라 달라진다고 해도 지나친 말이 아닙니다.

2 풍력 발전

바람이 석탄을
대신할 수 있을까?

화석 연료 사용으로 환경오염 문제가 심각해지면서 신재생 에너지 열풍이 세계를 휩쓸고 있습니다. 신재생 에너지는 화석 연료를 재활용하거나 자연의 재생 가능한 에너지원을 이용하는 것으로, 배출되는 오염 물질의 양이 적고 지속 가능한 것이 특징이에요. 유럽에서는 이미 많은 양의 신재생 에너지가 이용되고 있습니다. 유럽연합에서 2014년 발표한 자료에 따르면 아이슬란드는 국내 총 에너지 소비량 가운데 신재생 에너지가 무려 86.3퍼센트를 차지했어요. 이 밖에도 노르웨이는 44.8퍼센트, 스웨덴은 35.8퍼센트, 핀란드는 29.4퍼센트, 덴마크는 26.2퍼센트, 포르투갈은 25.0퍼센트를 차지했습니다. 비교적 낮은 수치인 11.3퍼센트를 기록한 독일도 2020년까지 신재생 에너지의 비율을 20퍼센트로 높인다고 발표했습니다.

그런데 과연 신재생 에너지가 화석 연료의 대안이 될 수 있을까요? 결론부터 말하면, 될 수 있습니다. 일부 사람들은 전력 생산 비용이 많이 든다며 문제 삼지만, 기술이 발달함에 따라 효율이 높아져 생산 단가는 계속 낮아지고 있습니다. 예를 들어 미국의 신재생 에너지 조사 업체 블룸버그 뉴에너지 파이낸스BNEF, Bloomberg New Energy Finance가 2016년 발표한 자료에 따르면 풍력 발전의 1킬로와트시당 전력 생산 단가는 약 90원(2014년 기준)으로 석탄 60원, 천연가스 70원보다 비싸고 핵 발전 120원보다 저렴한데, 2020년에는 석탄 80원, 천연가스 80원, 핵 발전 130원으로 모두 오르는 반면 풍력은 70원으로 떨어져 다른 에너지원보다 저렴해질 것으로 예상됩니다.

신재생 에너지는 이산화탄소 배출을 줄이고 석유를 대체할 친환경

자원으로서 꾸준히 개발될 것입니다. 독일의 환경 분야 언론인 프란츠 알트Franz Alt는 "2050년에는 전체 에너지 소비 중 태양 에너지가 40퍼센트, 바이오매스 30퍼센트, 풍력 15퍼센트, 수력이 10퍼센트를 차지하며 석유는 5퍼센트뿐"이라고 전망했어요. 물론 신재생 에너지 개발만으로 석유 사용량을 줄일 수 있는 것은 아니에요. 우리나라만 해도 수입한 원유의 7퍼센트만 발전에 이용하기 때문에 풍력 발전과 태양광 발전이 많이 보급돼도 석유 사용량은 크게 줄지 않을 수 있습니다. 그러나 신재생 에너지의 비율이 높아지고 있는 것은 분명해요. 세계적인 석유 회사 쉘Shell도 현재 2퍼센트인 세계 신재생 에너지 비율이 21세기 중반에는 65퍼센트에 이를 것이라 전망하며 석유 회사에서 신재생 에너지 회사로 전환할 준비를 하고 있어요. 석유를 완전히 대체하지는 못하더라도 수십 년 안에 신재생 에너지가 핵심 에너지원으로 떠오를 가능성은 충분합니다.

그렇다면 어떤 신재생 에너지가 가장 경쟁력 있을까요? 미국 스탠퍼드대학교의 마크 제이컵슨Mark Jacobson 교수는 태양광, 풍력 등 각 에너지원이 가진 잠재적 총량과 사용 가능한 능력을 분석해 순위를 매겼어요. 연구 결과 풍력이 1위에 올랐습니다. 풍력 발전은 발전기를 만드는 과정과 발전기로 전기를 생산하는 과정에서 생기는 온실 가스(온실 효과를 일으키는 기체) 배출량이 가장 적고, 물 사용량과 수질 오염도 적은 편이에요. 게다가 풍력은 육지만 해도 세계 총 에너시 수요량의 5배, 발전 수요량의 20배에 이를 정도로 풍부합니다.

인류와 바람의 역사

인류가 바람의 운동 에너지를 이용한 최초의 역사는 6세기 무렵으로 거슬러 올라갑니다. 페르시아 지역에 풍력을 이용한 흔적이 남아 있어요. 당시 이 지역에 살던 사람들은 바람으로 풍차를 돌려 곡물을 빻았습니다. 이후 인류는 원시적인 형태의 풍차를 계속 발전시켜 물을 길어 올리는 용도로도 활용했습니다. 가장 대표적인 나라가 네덜란드예요. 해수면보다 지표면이 낮은 네덜란드는 마을이 바닷물에 침수되는 것을 막기 위해 제방을 쌓고 풍차로 바닷물을 퍼 올려 바다로 흘려보

네덜란드의 풍차마을 킨데르다이크의 풍차.

냈습니다.

물론 풍차는 바람의 운동 에너지를 기계의 운동 에너지로 전환하는 장치이기 때문에 운동 에너지를 전기 에너지로 바꾸는 풍력 발전기와는 다릅니다. 세계 최초의 풍력 발전기는 1888년 미국의 발명가 찰스 브러시Charles Brush에 의해 만들어졌어요. 그가 자가 발전을 목적으로 집에 설치한 풍력 발전기는 발전 용량 12킬로와트, 높이 약 18미터, 회전 반경 약 17미터, 무게 약 36톤에 이르렀습니다. 풍력 발전기의 주재료는 나무고, 배터리와 연계한 시스템으로 구성되었어요.

1887년 영국의 제임스 블라이드James Blyth 교수도 비슷한 실험을 했고 1891년 영국에서 특허를 받았습니다. 블라이드가 제작한 풍력 발전기는 날개의 지름이 약 9.9미터고, 주재료는 천이었어요.

1908년에는 72개의 풍력 발전기가 만들어져 전기 생산에 이용되었습니다. 용량은 5~25킬로와트급이고, 가장 큰 날개의 지름은 23미터였어요. 20세기 초에는 전력망이 지방의 농가까지 연결되어 있지 않았기 때문에 수많은 농가에서 풍력 발전기를 설치해 전력을 생산했습니다.

유럽에서는 특히 덴마크에서 풍력이 많이 이용되었습니다. 덴마크에서는 1891년부터 포울 라쿠르Poul la Cour가 체계적으로 풍력 발전 실험을 했습니다. 그리고 1903년 풍력 발전 회사를 세웠습니다. 당시 덴마크에는 무려 120여 개의 20~35킬로와트급 풍력 발전기가 설치되어 전력을 공급했습니다.

우리 선조들은 어땠을까요? 아쉽게도 풍력 발전기를 만들어 사용

찰스 브러시가 만든 최초의 풍력 발전기입니다.

제임스 블라이드가 1895년에 만든 풍력 발전기.

한 기록은 없습니다. 하지만 바람에 대한 기록은 남아 있어요. 조선 시대 관상감에서 기록한 《풍운기風雲紀》에는 1745년(영조 21년)부터 1904년까지의 기상 관측 내용이 담겨 있는데, 하루를 7개 구간으로 나누고 기상 현상, 특히 바람의 방향을 자세히 관측해 기록했습니다.

풍력 발전기는 어떻게 발전해 왔을까

현대적 풍력 발전기는 1979년 덴마크에서 건설되기 시작했어요. 그리고 1990년 이후 첨단 기술을 이용하면서 세계적으로 빠르게 발전했습니다. 초기에 사용된 대부분의 풍력 발전기는 수 킬로와트급의 소형으로, 비행기 프로펠러를 변형해 날개를 제작했어요. 바람의 항력drag(운동하는 물체에 작용하는 저항력)으로 날개를 회전시켰지요. 비행기 날개처럼 양력lift force(날개 표면을 지나가는 공기의 속도 차이로 생기는 힘)을 이용하는 지금의 풍력 발전기와는 완전히 다른 모습이었습니다.

풍력 발전기의 출력량이 점점 늘어나면서 바람의 항력 대신 양력을 이용해 회전하는 대형 풍력 발전기가 만들어졌고, 날개의 모양과 단면도 비행기 날개와 비슷해졌어요. 초기의 소형 풍력 발전기와는 작동 원리, 모양, 크기 등 모든 면에서 완전히 다르게 발전한 거예요.

풍력 발전기의 구조

풍력 발전기는 날개blade와 변속 기어, 발전기가 포함된 나셀nacelle, 타워로 구성되어 있어요. 일반적으로 3개의 날개가 모여 로터rotor(회전 기계의 회전하는 부분을 통틀어 이름)를 이루고, 이 로터의 중심축은 기어 박스에 연결된 상태로 바람에 의해 회전합니다. 운동 에너지를 전기 에너지로 전환하는 발전기는 전기 에너지를 운동 에너지로 전환하는 모터와 기본 구조가 같습니다.

로터에는 컴퓨터가 설치되어 있어서 바람의 세기와 방향을 분석하고 적절한 회전 운동을 얻기 위해 날개의 방향과 각도를 조절합니다. 바람이 너무 강하게 불면 날개의 속도를 늦춰 장치가 손상되지 않도록 보호하지요. 하지만 일반적으로 바람의 세기는 계속 변하고 날개의 회전 속도는 너무 느리기 때문에 기어 박스로 회전 속도를 조절합니다. 이러한 기어형 풍력 발전기는 기어 박스를 이용해 날개의 실제 회전수인 분당 15~20회를 분당 약 1,000회로 늘려 전력을 생산합니다. 최근에는 기어 박스 없이 날개의 회전수만으로 전력을 생산하는 풍력 발전기도 개발되어 쓰이고 있습니다.

그런데 풍력 발전기의 날개는 왜 3개일까요? 그래야 최적의 효율을 낼 수 있기 때문이에요. 날개가 회전하면 주변의 공기 흐름에 변화가 생기는데, 개수가 더 많으면 난류의 영향으로 주변 날개가 영향을 받아 오히려 효율이 떨어져요. 날개들 사이의 간섭을 최소화하고 비용 대비 최대의 효율을 낼 수 있는 개수가 3개입니다.

날개

풍속계

나셀

기어 박스

발전기

로터

타워

풍력 발전기 터빈의 구조.

점점 커지는 풍력 발전기

풍력 발전기의 크기는 다양합니다. 지붕 위에 설치하는 작은 것도 있고, 벌판이나 바다에 세우는 거대한 것도 있습니다. 작은 풍력 발전기는 가정집에서 사용하는 전력의 일부를 충당하기에 적당합니다. 전등 몇 개를 켤 수 있을 정도만 발전하는 아주 작은 풍력 발전기도 있어요. 반면에 커다란 발전기는 적게는 수 킬로와트에서 많게는 수 메가와트의 전기를 만듭니다. 1메가와트는 약 1,000가구에 전력을 공급할 수 있는 용량이에요. 이처럼 대규모 발전에 사용되는 1~2메가와트 풍력 발전기의 날개는 한 개의 길이가 보통 50미터 안팎이고, 최근에는 더 큰 것도 개발되었습니다. 타워의 높이는 날개의 약 두 배인 100~110미터입니다.

풍력 발전기는 발전 효율을 높이기 위해 점차 커지고 있습니다. 날개의 길이가 길수록 출력량이 늘어나 발전 효율이 증가하기 때문이에요. 풍력 발전기의 출력은 날개 길이의 제곱에 비례합니다. 그리고 지표면에서 멀수록 풍속이 빨라져 출력량이 늘어납니다. 출력은 풍속의 세제곱에 비례해요. 현재 1메가와트의 육상 풍력 발전기 한 대를 만드는 데 드는 비용은 약 10억 원이고 실제 가동률은 약 35퍼센트인데, 발전기의 크기가 클수록 제작 및 설치 비용이 줄어듭니다.

영국 에너지기술연구소^{ETI, Energy Technologies Institute}는 세계에서 가장 긴 풍력 발전기 날개를 개발하기 위해 블레이드 다이내믹스^{Blade Dynamics}사에 투자했고, 블레이드 다이내믹스사는 유리 섬유 대신 탄소 섬유를 사용함으로써 무게를 줄여 80~100미터 길이의 풍력 발전용

49미터짜리 날개가 옮겨지는 모습입니다. 날개의 길이가 길수록 출력량이 늘어납니다.

날개를 만들었습니다. 60~75미터 길이의 유리 섬유 날개보다 무게가 40퍼센트 정도 가벼워요. 이러한 경량화는 에너지 생산 비용을 낮추는 데 크게 기여할 전망입니다.

바다의 강한 바람을 이용하다

풍력 발전이 지금처럼 발달한 것은 더 나은 발전기를 개발했기 때문만은 아닙니다. 기기의 성능이 아무리 좋아도 에너지원인 바람이 충분하지 않으면 소용없어요. 그래서 바람이 많이 부는 곳을 찾아내는 일도 중요합니다. 요즘은 호수, 협만(빙하 침식 때문에 생긴 좁고 긴 만), 연안과 같은 수역에 발전기를 설치해 전기를 얻는 추세입니다. 이러한 해상 풍력 발전은 1991년 덴마크 남쪽의 빈데비 해상에 설치된 높이 40미터 이상의 발전기 11기를 시작으로 1,000배가 넘는 성장을 이루며 발달해 왔습니다. 덴마크는 '2050 석유 제로 프로젝트'를 추진하면서 2020년까지 총 전력 수요의 50퍼센트를 풍력 발전으로 공급하겠다고 발표하기도 했어요.

해상 풍력 발전기 한 대를 설치하는 비용은 약 20억 원으로, 땅 위에 설치할 때의 두 배입니다. 그럼에도 바다에 설치하는 이유가 있어요. 일단 풍력 발전기는 크기가 커지면서 소음이 심해졌고 운반과 설치도 번거로워졌어요. 시각적으로 위압감까지 생겨 육지에서는 설치 장소를 찾기가 어려워졌지요. 바다는 육지보다 바람이 많이 불어 10~20퍼센트 더 많은 에너지를 얻을 수 있고, 발전기를 설치할 공간도 넉넉합니다.

오늘날 해상 풍력 발전 시장은 세계 최대 해상 풍력 발전기를 보유한 영국과 독일이 주도하고 있어요. 아시아에서는 중국이 적극적으로 나서고 있고, 일본은 바다에 띄우는 부유식 풍력 발전을 연구하고 있습니다. 우리나라는 어떨까요? 에너지경제연구원에 따르면 2009년 국내 풍력 에너지 잠재량은 연간 130테라와트시TWh입니다. 기상청에서 개발한 풍력 자원 지도를 보면 산악 지역과 해안, 도서 지역에 풍력 자

덴마크의 뉘스테드 해상풍력단지(Nysted offshore Wind Farm). 세계 최대 규모의 해상 풍력 발전소입니다.

원이 풍부함을 알 수 있어요.

제주도에는 이미 풍력 단지가 여러 곳에 조성되어 있습니다. 특히 제주도 동북부의 바닷가에 위치한 제주 행원풍력발전단지는 국내 최초의 풍력 발전소로, 15개의 발전기가 설치되어 있어요. 가장 큰 풍력 발전기는 높이가 45미터, 날개 지름이 48미터입니다. 용량은 10메가와트로, 제주도 전체 전력의 1퍼센트 정도를 생산하고 있습니다. 제주 월정리 바다에는 한국에너지기술연구원과 두산중공업이 설치해 운영하는 2메가와트급 발전기와 3메가와트급 발전기도 있어요. 수명은 15~20년으로 예상되며, 7년이면 설치 원가에 해당하는 전력 생산이 가능합니다.

〈풍력자원지도 평균 풍속〉(2012~2017년)

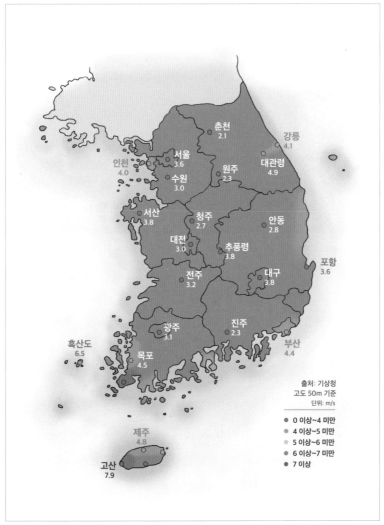

춘천
2.1

강릉
4.1

인천
4.0

서울
3.6

원주
2.3

대관령
4.9

수원
3.0

서산
3.8

청주
2.7

안동
2.8

대전
3.0

추풍령
3.8

포항
3.6

전주
3.2

대구
3.8

광주
3.1

진주
2.3

흑산도
6.5

목포
4.5

부산
4.4

제주
4.8

고산
7.9

출처: 기상청
고도 50m 기준
단위: m/s

● 0 이상~4 미만
● 4 이상~5 미만
○ 5 이상~6 미만
● 6 이상~7 미만
● 7 이상

우리나라는 2020년 해상 풍력 발전국 3위 안에 드는 것을 목표로 한국해상풍력주식회사를 설립하고 해상 풍력 단지 건설을 추진하면서 기술개발에 힘쓰고 있습니다. 2019년까지 약 10조 2000억 원이라는 엄청난 비용을 투자해 서남해 지역에 2.5기가와트급 해상 풍력 발전 단지를 건설할 예정입니다.

세계의 풍력 발전 산업

안녕하세요! 저는 제주도의 바람이에요. 오늘은 오랜만에 세계 여행을 떠났어요. 가장 먼저 도착한 곳은 미국이에요. 무려 4,000대가 넘는 풍력 발전기가 손을 흔들며 저를 반겨 주었어요. 계속 놀고 싶었지만 다른 친구들도 만나고 싶어 유럽으로 휘리릭 날아갔어요. 터줏대감 풍차 곁에 나란히 늘어선 풍력 발전기들이 날개를 힘차게 돌리며 인사를 했습니다. 풍차 할아버지의 인생 이야기를 더 듣고 싶었지만 다 듣고 나면 하루가 끝날 것만 같아 인사를 건네고 중국으로 날아갔어요. 중국에는 여기저기에 새내기 풍력 발전기들이 세워지고 있었어요. 저를 어찌나 반겨 주던지, 너무 좋아서 눈물이 핑 돌았습니다. 그렇게 한참을 놀고 아쉬움을 뒤로하고 제주도로 돌아왔어요. 세계 구석구석에 친구들이 생겨 기분이 무척 좋아요. 저를 필요로 하는 곳이 많아져서 정말 행복합니다. 바람 일기 끝!

최대 풍력 시장으로 떠오른 중국

앞서 이야기한 것처럼 풍력 발전 기술은 덴마크, 독일, 영국 등을 중심으로 유럽에서 발달했습니다. 그런데 나중에 나선 중국이 거대한 국내 시장을 등에 업고 유럽을 앞섰어요. 중국은 2014년 풍력 발전량 11만 4,609메가와트, 발전 비율 31퍼센트로 세계 1위에 올랐고, 2015년 세계 10대 풍력 발전기 제작사에 5개 사가 올랐습니다.

세계 풍력 발전 시장은 지속적으로 성장해 2015년에만 세계적으로 약 63기가와트 규모의 신규 풍력 발전기가 설치되어 2015년 말 기

〈세계 풍력 발전량〉(2014년)

순위	나라	메가와트(MW)	비율(퍼센트)
1	중국	114,609	31.0
2	미국	65,879	17.8
3	독일	39,165	10.6
4	스페인	22,987	6.2
5	인도	22,465	6.1
6	영국	12,440	3.4
7	캐나다	9,694	2.6
8	프랑스	9,285	2.5
9	이탈리아	8,663	2.3
10	브라질	5,939	1.6
	나머지	58,473	15.9
	10위 전체	311,126	84.1
	세계 전체	369,599	100

출처: 세계풍력발전협회(GWEC, Global Wind Energy Council)

중국 북부 닝샤성의 49.5메가와트급 풍력 발전 단지로, 66개의 발전기가 있습니다.

준 총 누적 발전 용량이 약 433기가와트에 이르렀습니다. 여기에는 2009년 이후 세계 최대 풍력 시장으로 떠오른 중국의 역할이 큽니다. 이 때문에 아시아가 유럽을 제치고 7년 연속 세계 최대 규모의 풍력 발전 시장으로 성장했습니다(중국은 아시아 전체 시장의 약 91퍼센트를 차지하고 있습니다). 2015년 중국의 총 발전량 중 풍력 발전 비율은 3.3퍼센트 정도밖에 안 되지만 2012년 2퍼센트였던 것에 비하면 꾸준히 성장하고 있다고 볼 수 있습니다.

　중국이 부딪힌 가장 큰 문제는 발전량이 아니라 전력을 주고받는 전력망에 있습니다. 2015년 송배전 전력망을 통해 풍력 발전량 중 340억 킬로와트시가 공급되었으나 그중 15퍼센트는 버려졌어요. 중국 정부는 송배전 전력망을 보완해 버려지는 전력을 줄이려 노력하고 있지만 짧은 시간 안에 해결하기 어려운 상황입니다.

우리나라의 경우 2015년 기준 총 누적 설비 용량은 834메가와트입니다. 2015년 한국전력거래소 자료에 따르면 전체 전력 거래량의 약 7.5퍼센트를 풍력 발전이 차지하고 있어요. 이후 2016년 거창풍력(14메가와트)과 평창풍력(30메가와트)이 발전을 시작했고, 의령풍력(18.75메가와트), 고원풍력(18메가와트), 제주 상명풍력(21메가와트) 등이 건설될 예정입니다. 2018년 상업 운전을 목표로 짓고 있는 30메가와트 규모의 탐라해상풍력도 있습니다. 국내 조선업체와 중공업체가 그동안 쌓아 온 기술력을 바탕으로 해상 풍력 발전기 개발에 나선 만큼, 앞으로 우리나라 신재생 에너지 분야에서 풍력 발전이 큰 비중을 차지할 것으로 예상됩니다.

해결해야 할
몇 가지 문제

풍력 발전은 풍력 발전기를 제작할 때도, 발전을 할 때도 온실 가스를 거의 배출하지 않습니다. 자원이 고갈될 일도 없어요. 그러면서도 풍력 발전기 한 대당 2,000~3,000가구가 사용할 수 있는 엄청난 양의 전기 에너지를 만들어 냅니다. 그렇다면 풍력 발전은 난점이 없는 기술일까요?

제주도의 풍력 발전기. 풍력 소음은 날개와 바람의 마찰 때문에 생깁니다.

소음 문제

풍력 발전기를 바다에 설치하면서 소음 문제는 어느 정도 해소되는 듯 보였지만 아직 우리나라는 풍력 발전 시설에서 발생하는 소음에 관한 기준이 정해져 있지 않아 논란은 여전히 남아 있습니다. 풍력 소음은 날개와 바람의 마찰 때문에 생기는데, 삶의 질이나 건강에 좋지 않은 영향을 끼치고 있어요. 예를 들어 전라남도 영암풍력발전단지 주변에 사는 주민들은 풍력 발전소 소음 때문에 편두통과 불면증이 생겼다고 호소했습니다. 경상남도 의령 한우산풍력발전단지는 산사태를 일으킬 위험이 있다는 주장도 있어요.

어업권 침해

일반적으로 육상에서 1킬로미터 이상 떨어져 있는 해상 풍력 발전소는 어업권을 해친다는 의견도 있습니다. 하지만 발전기 주변에 인공 어초를 만들어 어류가 살 수 있는 환경을 조성하고 복합 양식장을 설치하면, 다양한 어류가 모여들어 물개까지 서식하는 영국 북해 해상풍력단지처럼 긍정적인 효과를 낼 수도 있습니다.

비용 문제

소재가 비싸 제작하는 데 많은 비용이 든다는 단점도 있습니다. 풍력 발전기 한 대의 건설 비용은 2.5메가와트 기준으로 약 60억 원 정도며, 날개 하나당 약 10억 원이 넘는 것으로 알려져 있습니다. 날개 소재로는 오랫동안 유리 섬유가 쓰였는데 날개의 길이가 점차 늘어나면서 무게 때문에 효율이 떨어지는 유리 섬유 대신 탄소 섬유를 이용하기 시작했어요. 그런데 탄소 섬유는 유리 섬유보다 단단하고 밀도가 낮아 발전 효율이 높지만 값이 비싸기 때문에 경제성은 떨어지는 편입니다. 그럼에도 해상 풍력의 경우 풍력 발전기 한 대당 설치 비용이 높아 날개가 큰 것을 설치하는 것이 효율적이기 때문에 탄소 섬유를 이용할 수밖에 없어 결국 많은 비용이 듭니다.

불규칙한 발전량

바람은 늘 일정하게 부는 것이 아니기 때문에 발전량이 불규칙합니다. 하지만 해상 풍력이 등장하면서 일정 풍속 이상의 꾸준한 바람을 이용할 수 있게 되었어요. 다만 그만큼 비용이 추가된다는 단점은 여전히 남습니다. 해상 풍력 발전은 구조물, 해저 케이블, 변전 설비 등을 설치하는 데 비용이 들고, 염분과 습도에 대한 내구성을 키우기 위한 비용도 추가로 지불해야 합니다. 또 유지, 보수를 위해 발전기에 접근하는 데도 날씨의 영향을 많이 받기 때문에 안정적인 관리를 위해서 원격 조종 시스템을 갖춰야 해요. 그나마 다행인 건 과학 기술의 발달로 관련 비용이 점차 줄고 있다는 점입니다.

버드 스트라이크

풍력 발전의 가장 치명적인 문제는 바로 버드 스트라이크bird strike입니다. 회전하는 날개에 새가 충돌하는 거예요. 특히 빠르게 비행하는 맹금류나 무리 지어 이동하는 철새가 많이 희생됩니다. 새가 풍력 발전기를 피해 가지 않는 이유는 새들이 빠르게 회전하는 날개를 투명한 것으로 인식하기 때문이라는 주장이 있지만 아직 정확히 밝혀지지는 않았습니다.

어쨌거나 버드 스트라이크를 일으키는 풍력 발전기의 한계를 극복하기 위해 과학자들은 지속적으로 자료를 수집하며 대책을 세우고 있습니다. 모로코에서는 이를 예방하기 위해 몇백 미터 거리를 두고 세구역으로 나누어 풍력 발전 단지를 설치하기도 했어요. 이 외에도 세계적으로 다양한 대책이 나오고 있습니다. 그중 대표적인 것이 날개 없는 풍력 발전기인 보어텍스 블레이드리스Vortex Bladeless(바람의 소용돌이 현상을 이용하는 발전기)와 사폰 블레이드리스 윈드 터빈Saphon Bladeless wind turbine(바람의 저항력을 이용하는 발전기), 알트에어로스 에너지스사의 날개 달린 헬륨 비행선(높은 고도의 강한 바람을 이용하는 발전기) 등입니다. 이처럼 풍력 발전 기술을 개발하는 데 있어 생태계에 미치는 영향을 최소화하기 위한 노력은 계속될 것입니다.

3 스마트 그리드

전기를
필요한 만큼만
만들 수는 없을까?

저녁 식사를 마치고 가족들과 모여 앉아 과일을 먹으며 텔레비전을 보는데 갑자기 정전이 돼 동네가 암흑 속에 잠긴다면 어떻게 해야 할까요? 상상하고 싶지 않은 일이지만 이와 비슷한 일이 실제로 있었습니다. 2003년 8월 14일 미국과 캐나다의 동부 지역에 전력 공급이 중단되는 대규모 정전 사태, 즉 블랙아웃^{blackout}이 발생해 5,500만 명이 3일 동안 어둠 속에서 생활했어요. 피해 지역은 우리나라 면적보다 넓었고, 약 6조 8,000억 원의 손해를 입었습니다.

우리나라도 2011년 9월 15일 서울의 강남과 여의도 일대, 경기도, 강원도, 충청도 등에 15시 10분부터 19시 56분까지 정전이 일어난 사고가 있었어요. 당시 한국전력거래소는 일부러 각 지역의 전기를 차례로 차단시키며 더 큰 사고를 막았습니다. 이를 순환 정전, 즉 '롤링 블랙아웃^{rolling blackout}'이라고 해요.

현재 우리나라 대부분의 가정은 필요할 때마다 전기를 사용할 수 있는 편리한 생활을 하고 있어요. 그렇다면 발전소는 사람들이 필요로 하는 전력량을 어떻게 예측해 전력을 만들까요? 지금까지는 빅데이터를 분석해 예상 소비 전력량을 계산했어요. 그러다 보니 무더운 한여름에는 갑작스럽게 냉방기 사용량이 많아지고 전기를 쓰는 시간이 몰려 전력이 부족하기도 합니다. 여름철만 되면 유독 공공기관에서 전기를 아껴 쓰자고 홍보를 하는 이유입니다.

에너지를 아끼는 기술,
스마트 그리드

오늘날 일반적으로 쓰이는 전력망은, 공급자가 전력을 만들어 보내면 소비자는 전력을 사용한 뒤 요금을 지불하는 일방통행 방식입니다. 이 방식의 가장 큰 문제점은 전력 소비가 몰릴 때는 전력이 부족하고, 평상시에는 오히려 전력이 남아서 버려진다는 거예요.

〈실시간 전력 수급 현황〉

공급 능력	8,244만 kW
현재 부하	6,600만 kW
예비 전력	1,385만 kW
예비율	20.98%

기준: 2017년 5월 25일 15시 05분 | 출처: 한국전력공사

한국전력공사는 웹사이트에서 실시간 전력 수급 현황을 제공하고 있습니다. 이중 예비 전력이란 예측 수요의 오차나 발전기 이상으로 전력 공급이 원활하지 못할 경우를 대비해 예측 최대 수요를 초과해서 보유하는 전력량을 말해요. 우리나라는 일반적으로 실제 사용되는 현재 부하량의 약 20퍼센트에 해당하는 양을 보유합니다. 즉 생산되는 전력의 20퍼센트는 사용량보다 더 만들어졌다가 버려진다는 뜻입니다. 이런 문제를 해결하기 위해 등장한 기술이 바로 스마트 그리드smart grid입니다.

필요한 만큼만 발전하다

스마트 그리드는 똑똑하다는 뜻의 '스마트smart'와 전력망을 뜻하는 '그리드grid'를 합친 말로, 공급자와 소비자가 실시간으로 소통하며 에너지 이용 정보를 교환하는 지능형 전력망입니다. 스마트 그리드는 전력 회사(우리나라는 한국전력공사)에서 일방적으로 전력을 보내는 중앙 집중형 구조에서 벗어나 신재생 에너지 발전소까지 소비자와 연결해 전기를 주고받는 분산 전원 구조예요. 이 전력망이 구축되면 공급자는 다양한 방식으로 전기를 만들 수 있고, 소비자는 요금이 저렴한 시간에 전기를 이용할 수 있어요. 공급자는 전력 사용 상황을 실시간으로 확인하며 공급 전력량을 조정해 비용을 줄일 수 있습니다.

신재생 에너지를 활용하다

신재생 에너지 발전소는 1메가와트 이하의 전력을 불규칙하게 생산하는 경우가 많아요. 그러다 보니 대량으로 전력을 만들어 소비자에게 제공하는 지금의 구조에서는 적극적으로 활용하기가 어렵습니다. 여러 공급자와 소비자를 연결하는 스마트 그리드가 실현되면 소규모 태양광 발전기와 풍력 발전기에서 생산되는 전력도 소비자에게 원활하게 공급될 수 있어 신재생 에너지 사업이 더욱 발전할 것입니다.

스마트 그리드 사업에 앞장선 독일은 친환경 에너지를 개발하는 데 매달리고 있습니다. 2012년에는 전기 자동차 상용화를 위해 500개 이상의 충전소를 설치하고 중앙 통제 시스템을 구축하는 사업도 진행

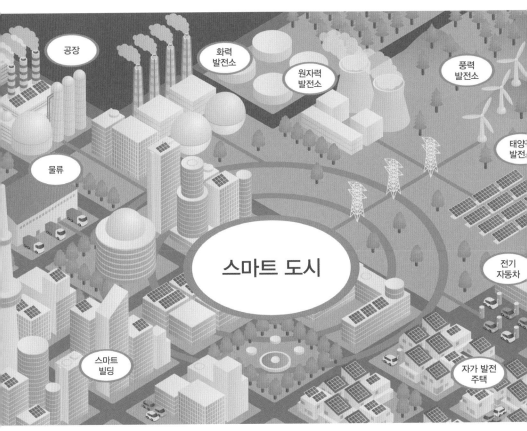

공장

화력
발전소

원자력
발전소

풍력
발전소

태양광
발전

물류

스마트 도시

전기
자동차

스마트
빌딩

자가 발전
주택

스마트 그리드는 공급자와 소비자가 실시간으로 에너지 이용 정보를 주고받는 지능형
전력망입니다. 화력 발전소, 신재생 에너지 발전소, 소비자를 유기적으로 연결합니다.

덴마크의 삼소섬. 신재생 에너지 발전으로 필요한 전력을 100퍼센트 생산하고 있습니다.

했어요. 독일 이외에도 유럽의 여러 나라가 신재생 에너지를 개발하고 스마트 그리드를 실현하기 위해 노력하고 있습니다. 덴마크의 삼소samso섬은 스마트 그리드를 성공적으로 이뤄 낸 도시로 유명해요. 4,000여 명이 사는 이 섬은 풍력, 태양열, 바이오 연료를 이용해 필요한 전력을 모두 생산하고 있습니다. 심지어 남는 에너지는 내륙 지방에 팔기도 해요.

필요한 만큼만 저렴하게 사용하다

소비자는 불필요하게 소비되고 있는 전력을 파악해 소비량을 줄일 수 있습니다. 사용하지 않는 기기의 전원을 조절해 전기를 절약하는 거예요. 또 실시간 전기 요금을 확인할 수 있어 세탁기와 같이 전력 소모가 큰 전기제품은 요금이 저렴한 시간대에 작동시킬 수도 있습니다. 지금은 전력 사용량이 가장 적은 야간에만 전기를 저렴하게 공급하는 심야 전기 할인 제도를 운영하고 있지만, 스마트 그리드가 실현되면 시간대별로 유동적인 요금제를 적용할 수도 있습니다.

소비자가 전력을 생산하다

소비자가 전력을 직접 생산하고 판매할 수 있습니다. 예를 들면 태양광 발전으로 얻은 직류 전압을 인버터를 이용해 교류로 변환시켜 사용하고, 쓰고 남은 전기는 저장 장치를 이용해 예비 전력으로 보유하거나 전력 회사와 거래를 통해 가격을 결정한 뒤 판매하는 거예요. 태양광 발전으로 전기를 얻을 수 없을 때는 전력 회사에서 공급받으면 됩니다. 태양광뿐만 아니라 지열, 풍력과 같은 다양한 형태의 신재생 에너지를 이용해 전력을 생산하면 전기 걱정 없이 살 수 있습니다.

스마트 그리드에
필요한 핵심 기술

안전한 양방향 전력망

스마트 그리드를 구축하려면 일단 공급자와 소비자가 소통할 수 있는

스마트 그리드가 보편화되면 개인이 생산한 전력을 직접 사용할 뿐만 아니라 전력 회사에 판매할 수도 있습니다.

전력망을 구축해야 합니다. 전력망 개발에 있어 가장 중요한 것은 안전성과 양방향성이에요. 소비자의 정보를 안전하게 보호하고 안정적으로 전력을 공급하기 위한 강력한 보안체계가 필요하고, 상황에 따라 소비자가 공급자의 역할도 할 수 있도록 양방향 전력망을 만들어야 합니다. 그래야 개인이 신재생 에너지로 생산한 전력을 안전하게 판매할 수 있어요. 물론 양방향 전력망을 갖추려면 원격 자동 검침 기능이 있는 지능형 전력 계량 장치도 개발해야 합니다.

지능형 전력 계량 장치

기존의 계량기에 모뎀을 설치해 양방향 통신이 가능하도록 만드는 지능형 전력 계량 장치AMI,Advance Metering Infrastructure는 시간대별 요금제,

실시간 전기 사용량 등의 정보를 제공하고 원격으로 자동 검침도 할 수 있어요. 한국전력공사는 2013년 50만 가구를 대상으로 지능형 전력 계량 장치 구축 시범 사업을 진행했고, 2015년 200만 가구를 추가했습니다. 그리고 2020년까지 국내 전기 소비자 2,000만 가구 전체에 지능형 전력 계량 장치를 구축할 계획을 세우고 있습니다.

실시간 정보 제공 애플리케이션

스마트 그리드를 이용하는 데 필요한 다양한 정보를 제공하는 애플리케이션도 개발해야 합니다. 지능형 전력 계량 장치로 수집한 각종 정

미국 텍사스주에 있는 해군 비행장의 지능형 전력 계량 장치.

보를 제공해야 소비자가 스마트 그리드를 실시간으로 활용할 수 있습니다. 우리나라의 경우 2017년 한국전력공사는 실시간 전력 사용량, 그달 실시간 요금 등의 정보를 제공하는 앱(가칭 '파워 플래너')을 선보였습니다.

에너지 저장 시스템

에너지를 저장해 두었다가 필요할 때 공급하는 에너지 저장 시스템ESS, Energy Storage System도 개발해야 합니다. 갑자기 전력 수요량이 많아져도 부족함 없이 전력을 제공하려면 반드시 필요한 기술이에요.

에너지 저장 장치에는 압축공기 저장 장치CAES, Compressed Air Energy Storage, 리튬 이온 배터리, 나트륨황전지, 납축전지 등이 있습니다. 과거 독일이나 미국에서는 압축공기 저장 장치를 주로 이용했어요. 공기를 압축해 두었다가 필요할 때 공기로 터빈을 돌려 전력을 생산했지요. 그런데 이 방식은 공기를 압축하는 데 많은 양의 에너지가 필요하다는 단점이 있습니다.

최근 우리나라에서는 사용량이 적은 심야 전기로 공기를 대기압의 50배 정도로 압축해 지하 암반층에 저장하는 방식을 개발하고 있습니다. 전라북도 군산시 비응도에 100메가와트급 장치를 설치하고 있어요. 영국의 에너지 저장 전문기업 하이뷰파워스토리지HPS, Highview Power Storage는 에너지 저장 밀도를 높이기 위해 압축공기의 온도를 영하 196도 정도로 떨어뜨려 액화시키는 방법도 연구하고 있습니다.

미국 매사추세츠주 세일럼스마트파워센터(Salem Smart Power Center)의 에너지 저장 시스템. 리튬 이온 배터리를 이용해 신재생 에너지를 저장합니다.

에너지 저장 시스템은 발전소의 주파수 조정용으로도 쓰입니다. 우리가 사용하는 모든 전기제품에는 정격 전압, 정격 전류, 정격 주파수 등이 표시되어 있어요. 정격 범위를 벗어난 전기가 공급되면 전기제품이 고장 나거나 파손되므로 정격 주파수(우리나라는 60헤르츠)를 유지하며 전류를 보내야 합니다. 그런데 수요 전력과 공급 전력이 불일치하면 주파수가 바뀝니다. 그럴 경우 주파수를 정격 주파수로 되돌려야 전력을 정상적으로 공급할 수 있어요. 발전소는 정격 주파수를 유지하기 위해 출력의 5퍼센트 정도 예비 전력을 보유하는데, 이러한 보조 서비스를 대체하는 것이 주파수 조정용 에너지 저장 장치예요. 에너지 저장 시스템으로 남는 전력을 저장해 주파수 조정용으로 쓰면 발전소의 예비 전력을 절약할 수 있습니다.

에너지 저장 시스템은 시간대별로 전기 수요량을 파악해 수요가 적은 심야의 저렴한 전기를 저장했다가 수요가 많은 주간에 사용하는 피크 감소용도 있습니다. 또 기상 상황에 따라 전력 생산량이 달라지는 신재생 에너지를 저장해 안정적으로 제공하는 신재생 출력 안정용 에너지 저장 시스템도 있습니다.

송전 효율을
높이는 기술

스마트 그리드의 효율을 높이려면 전력을 보내는 기술도 더욱 발전시켜야 합니다. 송전 효율을 높여 손실되는 에너지의 양을 최소화하는 것이지요.

초전도 케이블

초전도 케이블은 저항 값이 매우 작기 때문에 송전 손실이 송전선에 흔히 사용되는 구리의 10분의 1 정도로 매우 낮고, 송전 효율은 5배나 높아요. 게다가 얇고 작게 만들 수 있어서 도심 지역의 복잡한 전깃줄을 깔끔하게 대체할 수 있습니다.

직류 전송 방식

19세기 말 미국에서는 토머스 에디슨Thomas Edison과 니콜라 테슬라Nikola Tesla가 직류 대 교류의 '전류 전쟁'을 벌였습니다. 에디슨이 선호한 직류 방식은 전압을 올릴 수 없기 때문에 전력을 멀리까지 전달하려면 많은 양을 보내야 해서 전력 손실이 컸습니다. 발전소에서 3~4킬로미터만 떨어져 있어도 전기를 사용하기 어려웠지요. 그래서 테슬라는 전압을 조정할 수 있는 교류 발전기를 만들었습니다. 테슬라는 당시 자신이 다니는 회사의 사장이던 에디슨에게 교류 발전의 장점에 대해 설명했습니다. 그러나 에디슨은 교류에 관심이 없었어요. 이에 테슬라는 회사를 그만두고 발명가 조지 웨스팅하우스George Westinghouse와 함께 교류 전동기, 교류 발전기, 변압기 등을 개발해 특허권을 얻었습니다. 에디슨은 교류의 위험성을 주장하며 비난했고, 테슬라는 직류의 한계를 지적하며 논쟁을 벌였어요. 그러다 1895년 나이아가라 폭포에 건설되는 수력 발전소에 교류 방식이 채택되고 교류 전력망이 널리 퍼지면서 전류 전쟁은 테슬라의 승리로 막을 내립니다.

지금도 대부분의 발전소는 전력을 교류 방식으로 보냅니다. 하지만 반도체 기술이 발전한 최근에는 전압 문제가 해결되어 직류 전송 방식이 다시 주목받고 있어요. 같은 양의 전력을 보낼 때 교류는 전압과 전류의 최댓값과 최솟값을 왔다 갔다 하지만 직류는 교류 전압 최댓값의 70퍼센트를 그대로 유지하기 때문에 경제적입니다. 게다가 교류는 전선의 표면으로만 전류가 흐르지만 직류는 도선 전체로 흐르기 때문에 두 배 이상의 전류를 보낼 수 있어요. 가정에서 사용하는 전기

토머스 에디슨(왼쪽)과 니콜라 테슬라(오른쪽)는 19세기 말 전류 전쟁을 벌였습니다.

제품은 대부분 직류 방식이어서 어댑터를 이용해 교류를 직류로 바꿔 줘야 하는데, 애초에 직류를 공급하면 어댑터 같은 장치도 필요 없습니다.

　직류 방식은 블랙아웃을 예방하기에도 좋습니다. 전기 공급은 수도, 가스 등과 달리 공급량이 수요량에 조금만 못 미쳐도 전력망이 마비됩니다. 전기제품은 일정한 전압과 주파수가 유지되어야 작동하는데 전력 공급이 충분하지 못하면 전체 전력량을 유지하기 위해 자동으로 전압과 주파수가 떨어지기 때문이지요. 그런데 교류 전기망은 모든 지역이 거미줄처럼 연결돼 있어 송전선 하나만 잘못되어도 모든 회선이 고장 납니다. 직류 전기망을 도입해 지역과 지역을 직류 선로로 연결하면 특정 지역에서 문제가 발생했을 때 직류 선로를 차단해 대규모 블랙아웃이 일어나는 것을 막을 수 있어요.

우리나라
스마트 그리드 현주소

현재 우리나라는 한국전력공사에서 전력을 제공하는 중앙 집중형 구조를 기본으로 삼고 있지만 전국적으로 분산전원 체계도 도입해 조금씩 확장하고 있습니다. 특히 2009~2013년 제주도에는 스마트 그리드 실증 단지를 조성해 운영했고, 이후 확산 사업을 추진하고 있어요. 제주 스마트 그리드 실증 단지는 한국형 차세대 전력망을 구현하기 위한 국내 최초의 시범 단지로, 풍력, 태양광 등 신재생 에너지원이 풍부한 제주의 특성을 살린 사업입니다. 이처럼 스마트 그리드를 체계적으로 실현하기 위해 노력하고 있지만, 아직은 한계도 많습니다.

민간 기업이 참여하기 힘든 구조

스마트 그리드를 야심차게 준비하던 2013년에는 제주 스마트 그리드 실증 사업이 끝나자마자 곧바로 전국에서 확산 사업이 진행될 것만 같아 보였습니다. 하지만 확산 사업은 사업성 부족 때문에 연기되다가 최근에야 다시 본격화되고 있어요. 전기 자동차 충전소, 통신 시설, 신재생 발전 사업 등 공기업이 주도하는 전력 시장에서 민간 기업

지능형 전력망 Smart Power Grid	양방향 전력 전송과 고장 시 자동 복구가 가능하고, 각종 첨단 가전 기기와 통신하면서 전력 요소를 제어할 수 있습니다.
지능형 소비자 Smart Place	스마트 계량기를 기반으로 실시간 전기 요금 정보를 제공하여 전기 요금이 비싼 시간대 전력 사용을 저렴한 시간대로 변경하여 사용할 수 있습니다.
지능형 신재생 Smart Renewable	풍력과 태양광 발전 등 신재생 에너지를 전력망에 안정적으로 연계하고 남는 전력은 다른 지역으로 전송할 수 있습니다.
지능형 운송 Smart Transpotation	전기 자동차가 운행될 수 있도록 전기 충전소와 배터리 교환소가 설치되고, 가정에서도 자동차 전지를 충전할 수 있는 설비를 구축합니다.
지능형 서비스 Smart Service	맞춤형 에너지 정보, 수요 관리, 실시간 요금제 등 국내형 신전력 서비스를 개발 및 운영하는 통합 운영 센터를 구축하여 실증 단지 운영 상황을 종합 모니터링하여 에너지 정보 취합 및 실시간 정보를 제공합니다.

출처: 한국전력공사

이 낼 수 있는 수익은 제한적인 데다 스마트 그리드에 대한 여론의 인식이 부족한 상황이다 보니 연구비를 투자해 사업을 개발하기란 쉽지 않습니다. 에너지 저장 시스템 배터리의 가격이 비싸다는 문제도 있어요. 배터리는 무려 1메가와트시당 16억 원 정도입니다.

실효성 논란

적은 양의 전기를 이용하는 가정에서는 스마트 그리드의 실효성이 없을 거라는 문제 제기도 있어요. 얻는 것도 얼마 없는데 수시로 전력량을 확인하며 스마트 그리드 시스템을 적극적으로 활용할 가정이 과연 얼마나 되겠느냐는 것이지요. 한 달에 100~200킬로와트를 사용하는 가정은 스마트 그리드를 이용해 줄일 수 있는 전기량이 많지 않아 전기 요금도 별로 줄지 않습니다. 비용, 일조량 등 걸림돌이 많아서 모든 주택에 신재생 에너지 발전기를 설치하는 일도 쉽지 않아요.

정권에 따라 바뀌는 정책

정권이 바뀌면 이전의 에너지 관련 정책을 지속적으로 발전시키기보다 새로운 에너지 정책을 개발하기 때문에 스마트 그리드를 실현하는 데 오랜 시간이 걸릴 것이라는 비판도 있습니다. 최근에는 스마트 그리드 확산 사업이 진행되지 않는 상황에서 에너지 신산업이 등장해 이러한 논란에 불을 지피기도 했어요. 에너지 신산업은 에너지 저장 시스템, 전기 자동차, 신재생 에너지 발전 등을 개발해 각각 시장이 형성되도록 지원하는 정부 사업이에요. 스마트 그리드를 실현하려면 물론 에너지 신산업도 발전시켜야 하지만, 스마트 그리드 실증 사업의 문제점을 파악하고 이를 보강해 확산 사업을 적극적으로 진행하는 것도 중요합니다. 아파트에 적용하는 지능형 전력 계량 장치, 상가에 적용하는 에너지 소비 컨설팅 서비스와 같이 더욱 많은 사람이 스마트 그리드를 경험해 볼 수 있는 환경을 만들어야 할 것입니다.

4 수소 연료전지

착한 연료일까,
제2의 석유일까?

미래는 미세먼지 때문에 몇 달 동안 자전거를 타지 못하고 있어요. 마스크와 보안경으로 무장하면 되지만 그 상태로 자전거를 타는 건 너무 불편해서 실내에서 스트레칭만 해요. 한강 공원에서 친구들과 치킨을 먹은 지도 오래됐어요. 요즘은 밖에서 음식을 먹기도 꺼려지거든요. 미래는 예전처럼 맑은 하늘을 보며 밖에서 놀 수 있을까요?

점점 더 심해지는 미세먼지

최근 몇 년 사이에 미세먼지 문제가 심각해졌습니다. 아침마다 스마트폰으로 그날의 미세먼지 농도를 확인하는 게 사람들의 습관이 되어

미세먼지 때문에 뿌예진 서울의 모습.

버렸어요. 미세먼지란 지름이 1마이크로미터㎛(1mm의 1,000분의 1)보다 작은 먼지로, 머리카락 지름의 10분의 1에서 200분의 1 크기예요. 너무 작아서 코와 기관지의 섬모로 걸러지지 않기 때문에 폐나 뇌혈관까지 들어가 여러 가지 병을 일으킵니다.

이러한 미세먼지는 자동차의 배기가스, 석탄 화력 발전소, 공장의 배출 가스 등에서 나와요. 자동차와 발전소 사용을 멈추지 않는 한 미세먼지를 줄이기는 어려울 것입니다. 하지만 운송 수단과 전기가 없으면 우리는 하루도 살기 힘들어요. 그렇다면 미세먼지를 배출하지 않는 자동차와 발전소를 만들면 어떨까요?

친환경적인 수소 연료전지 자동차

2014년 12월 일본의 자동차 회사 도요타는 '미라이みらい('미래'라는 뜻)' 자동차를 출시했습니다. 이 차는 휘발유가 아니라 수소^{H}와 산소^{O}로 움직이기 때문에 이산화탄소는 전혀 배출하지 않고 물만 배출해요. 심지어 3분밖에 걸리지 않는 한 번의 수소 충전으로 650킬로미터를 달릴 수 있습니다.

미라이 자동차의 핵심 기술은 수소 연료전지로, 수소와 산소를 화학적으로 반응시켜 전기를 얻습니다. 수소 연료전지의 원리는 간단해요. 전기를 이용해 물을 수소와 산소로 분해하는 물 전기 분해와 반대

도요타에서 출시한 수소 연료전지 자동차 미라이.

2012년 여수 세계 박람회 때 운행된 수소 연료전지 버스.

로, 수소와 산소를 화학 반응시켜 물과 전기를 만드는 거예요. 이렇게 만들어진 전기로 움직이는 자동차가 수소 연료전지 자동차입니다.

　이전의 전기 자동차와 수소 연료전지 자동차의 가장 큰 차이점은 배터리를 사용하지 않는다는 것입니다. 전기 자동차는 휴대전화처럼 배터리에 전기 에너지를 충전해야 하고 한 번 충전하는 데 6시간 이상 걸리지만, 수소 연료전지 자동차는 배터리 없이 수소와 산소를 바로 반응시켜 전기를 얻어요. 일본에서는 '수소 스테이션hydrogen station'이라 불리는 충전소에서 수소를 1킬로그램당 1,000엔(약 1만 원)에 판매하고 있는데 약 4킬로그램이면 완전히 충전됩니다.

　우리나라도 꾸준히 수소 연료전지 자동차를 개발하고 있습니다. 현대자동차는 2013년 '투싼ix'라는 수소 연료전지 자동차를 출시하기도 했어요. 그러나 우리나라에는 수소를 충전할 수 있는 곳이 거의 없어 널리 보급되지 못했습니다. 그 외에도 2009년 인천국제공항에서 터미널과 주차장을 왕복하는 수소 연료전지 셔틀 버스를 운행했고, 2012년 여수 세계 박람회에서도 수소 연료전지 버스를 운행했습니다. 2016년에는 울산에서 전국 최초로 수소 연료전지 택시 10대를 시범 운행했습니다.

지구 온난화를 막다

휘발유 자동차와 수소 연료전지 자동차가 주행할 때 발생시키는 이산화탄소 양을 비교해 보면, 수소 연료전지 자동차는 0그램, 휘발유 자동차는 배기량 2000시시^{cc} 기준으로 1킬로미터당 100그램 정도예요. 1년 평균 주행 거리가 약 1만 5000킬로미터니까 수소 차를 한 대 보급하는 것만으로도 연간 약 1.5톤의 이산화탄소를 줄일 수 있습니다. 전기 자동차도 주행할 때는 이산화탄소를 배출하지 않지만 자동차에 충전할 전기를 만들 때는 이산화탄소가 발생할 수 있어요. 물론 풍력과 태양광으로 전기를 만들면 이산화탄소 발생량이 줄겠지만요.

자원 고갈에 대비하다

에너지 전문가들은 21세기에 석유, 석탄, 천연가스 등의 자원이 고갈될 것이라 예측합니다. 인류는 지속 가능한 에너지를 찾을 수밖에 없

수소는 바닷물을 분해해서 얻을 수도 있기 때문에 사실상 무한합니다.

어요. 그래서 찾아낸 에너지원 가운데 하나가 지구에 무궁무진한 수소
입니다. 수소는 우주에서 가장 많고 가벼운 원소로, 대부분은 메테인
CH_4과 같은 화합물의 상태로 존재해요. 수소는 바이오에탄올, 천연가
스 등에서도 분리할 수 있고, 앞서 이야기한 것처럼 물을 분해해서 얻
을 수도 있어요. 바닷물도 이용할 수 있으므로 사실상 무한한 에너지
라고 할 수 있습니다.

미세먼지를 줄이다
공기 중의 오염 물질을 제거하는 공기 청정기는 다양한 필터로 구성
되어 있습니다. 필터의 성능에 따라 공기 청정 효과가 달라지지요. 수

소 연료전지 자동차는 연료전지 내부에 순수한 수소와 산소 기체를 공급해야 하므로 일반 차량보다 훨씬 성능이 뛰어난 공기 필터를 사용해요. 따라서 수소 연료전지 자동차 내부를 한 번 통과한 공기는 미세먼지가 거의 제거된 깨끗한 상태로 변신합니다. 도로 위의 공기 청정기 역할을 하는 셈이에요.

우리가 지금 사용하는 디젤 승용차는 1킬로미터 주행할 때 약 10밀리그램의 미세먼지를 발생시키지만, 수소 연료전지 자동차는 1킬로미터 주행할 때 약 20밀리그램의 미세먼지를 제거합니다.

수소 연료전지는
어떻게 생겼을까

연료전지의 구조

건전지는 탄소^{C}가 양극, 알루미늄^{Al}이 음극이고 그 사이에 전해질로 염화암모늄^{NH_4Cl}을 채워 넣은 구조로 되어 있어요. 양극과 음극이 연결되면 전해질을 통해 아연 이온$^{Zn^{2+}}$이 이동하고 이때 발생한 전자$^{e^-}$가 도선을 통해 이동하는데, 이 전자의 흐름이 전기를 만들어요.

수소 연료전지는 연료극(양극)에 수소 기체가, 공기극(음극)에 산소 기체가 공급돼요. 연료극으로 들어온 수소 기체는 수소 이온과 전자로 나뉘어 수소 이온은 전해질을 통해 공기극으로 이동하고, 전자는 도선을 통해 이동하며 전기를 만듭니다. 그리고 공기극에서 만난 수소와

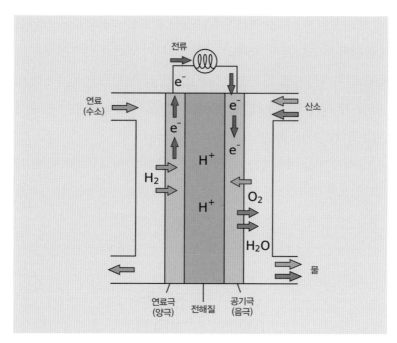

수소 연료전지의 구조.

산소는 물이 되어 바깥으로 배출됩니다. 휘발유 자동차의 배기가스에는 이산화탄소와 질소산화물이 들어 있어 온실 효과와 스모그를 일으키지만, 수소 연료전지 자동차는 오염 물질 대신 깨끗한 물만 배출되기 때문에 친환경적입니다.

반응을 돕는 촉매

수소와 산소 기체를 섞어 놓는 것만으로는 아무런 일도 일어나지 않습니다. 수소와 산소를 반응시키려면 온도와 압력을 높여야 해요. 그러나 높은 온도와 압력을 만드는 것은 쉽지 않습니다. 그래서 '촉매'라는 물질을 사용합니다.

촉매는 조금 더 낮은 온도에서도 화학 반응이 잘 일어나도록 도와주는 물질입니다. 지금은 연료전지의 촉매로 금속인 백금을 쓰고 있어요. 나노 크기의 백금 입자를 연료전지 안에 넣어 백금 표면에서 반응이 일어나도록 하는 것이지요. 그러나 백금은 매장량이 적고 값이 비싸 수소 연료전지의 가격을 높이는 원인이 됩니다. 현재 일본의 미라이 자동차는 약 670만 엔(약 6,700만 원), 투싼ix는 약 8,500만 원으로, 같은 성능의 휘발유 자동차보다 비싼 편이에요. 2017년 도요타는 수소 버스도 판매하기 시작했는데 한 대의 가격이 무려 10억 원에 이릅니다.

수많은 과학자가 백금을 대신할 다른 촉매를 찾기 위해 연료전지 촉매를 연구하고 있습니다. 백금을 니켈, 코발트 등의 금속과 섞거나 탄소나노튜브를 이용하는 방법도 연구하고 있어요. 가격은 낮추고 효율은 높일 고분자 화합물도 개발하고 있습니다. 백금보다 싸고 효율이 높은 촉매가 개발되면 수소 연료전지 자동차의 값은 지금보다 저렴해질 거예요. 2020년까지 5,000대의 수소 연료전지 자동차를 보급한다는 중국의 계획도, 버스를 모두 수소 연료전지 버스로 바꾼다는 울산시의 계획도 머지않아 실현될 것입니다.

현대차에서 출시한 수소 연료전지 자동차 투산ix. 백금보다 싸고 효율이 높은 촉매가
개발되면 수소 연료전지 자동차의 값은 지금보다 저렴해질 거예요.

수소를 얻는
다양한 방법

수소는 우주의 90퍼센트를 차지할 만큼 매우 많지만 화합물 상태로 존재하기 때문에 추출을 해야 해요. 가장 쉬운 방법은 물을 전기 분해하는 것입니다. 그러나 이 방법에는 전기 에너지가 들어요. 전기는 석탄, 석유 등에서 얻으므로 전기 분해로 수소를 얻는 것은 화석 연료를 쓰는 것이나 다름없습니다. 온실 가스를 발생시키지요. 게다가 높은 온도와 많은 에너지를 필요로 하기 때문에 값도 비쌉니다.

탄화수소에서 분리하기

석유, 석탄, 천연가스처럼 탄소와 수소가 결합된 탄화수소에서 수소를 분리하는 방법이 있습니다. 천연가스의 주성분인 메테인을 수증기와 반응시키면 수소와 이산화탄소가 생기는데, 수소는 분리하고 이산화탄소는 바로 지하 저장소에 저장해요. 오늘날 많이 쓰이는 방법입니다. 그러나 천연가스 역시 석유처럼 매장량이 정해져 있기 때문에 대안을 찾아야 해요.

곡물을 발효해서 얻는 메탄올^{CH_3OH}이나 에탄올^{C_2H_5OH}에서 수소를 추출하는 방법도 있습니다. 그러나 이는 곡물 가격을 올릴 위험이 있어요. 미래에는 식량난이 지금보다 심해질 것이므로 식량에서 수소를 얻는 이 방법은 또 다른 논란을 일으킬 수 있습니다.

바이오 수소 만들기

최근 과학자들이 발견한 방법 중에 '바이오 수소'라는 것이 있어요. 해조류에 미생물을 넣고 미생물이 해조류의 탄수화물을 분해해 수소를 생산하게 하는 방법입니다. 이렇게 만들어진 수소를 바이오 수소라고 해요. 해조류뿐만이 아니라 음식물 쓰레기나 하수 처리장 찌꺼기에 미생물을 넣어 수소를 얻을 수도 있습니다. 탄수화물 덩어리는 곳곳에서 쉽게 구할 수 있기 때문에 이 방법은 미래에 수소를 얻는 대안이 될 수 있어요. 일본 후쿠오카에서는 하수 처리장 찌꺼기에서 발생하는 메테인에서 수소를 분리해 얻는 수소 스테이션을 운영하고 있습니다.

태양광 이용하기

식물이 광합성을 하는 것처럼 태양광을 이용해 물을 수소와 산소로 분해하고, 여기서 나온 수소를 다시 산소와 반응시켜 전기를 얻을 수도 있습니다. '인공 나뭇잎'이라 불리는 이 기술은 이산화탄소를 만들지 않을 뿐만 아니라 산소를 만들어 내기 때문에 지구 온난화를 막는 데 긍정적인 역할을 합니다.

인공 나뭇잎은 원래 우주선 안의 우주 비행사에게 산소를 공급하기 위해 개발된 기술이지만 이제는 에너지와 환경 문제를 동시에 해결할 방법으로 주목받고 있어요. 하나의 기술이 여러 문제의 대안으로 발전할 수 있음을 잘 보여 주는 사례입니다.

우리나라의
수소 연료전지 시스템

미래의 어머니는 자동차 회사에서 수소 자동차를 구매했습니다. 그리고 상암동 수소 스테이션에 들러 수소를 충전했어요. 난지도 쓰레기 매립장에서 생기는 매립가스를 이용해 수소를 만드는 곳이지요. 수소를 충전하며 라디오를 듣는데 정부에서 2020년까지 수소 차 1만 대를 보급하고 수소 충전소를 100군데로 늘릴 예정이라는 뉴스가 흘러나왔습니다. 수소 차를 구입하면 세금 감면 혜택을 주고 고속도로 통행료도 할인해 준다고 해요. 값이 비싸서 구입하기 부담스러운 사람들을 위해 수소 자동차 셰어링sharing 사업도 실시한다고 합니다. 이는 수소 자동차가 세워져 있는 지정 주차장에 가서 돈을 내고 수소 자동차를 이용하는 제도랍니다.

어느덧 수소 가스 충전이 끝났습니다. 수소를 완전히 충전하는 데 3분도 걸리지 않았어요. 수소 자동차를 타고 도로로 나왔는데 옆 차선에서 달리고 있는 수소 버스 한 대가 눈에 들어왔습니다. 미래의 어머니는 수소 자동차가 더 많아져 지구 온난화를 막고 미세먼지를 줄이는 데 큰 역할을 하면 좋겠다고 생각했습니다.

가정용 연료전지를 개발하다

미래 어머니의 이야기는 우리나라에서 실제로 일어나고 있는 수소 혁

명의 일부입니다. 이웃 나라 일본에서는 '에네팜Ene-farm'이라는 가정용 연료전지 시스템도 널리 보급하고 있어요. 에네팜은 천연가스에 포함된 수소로 연료전지를 작동시켜 가정에 열과 전기를 공급하는 기술입니다. 수소와 산소가 반응할 때 생기는 반응열로 물을 데워 욕실과 주방에서 사용하고, 전기는 가정의 전력으로 쓰는 것이지요. 각 가정에 발전소를 설치하는 셈입니다. 따라서 대규모 정전 사태가 일어나도 집집마다 스스로 전기를 공급할 수 있어요.

우리나라는 2004년 국내 최초로 가정용 연료전지 셀빌Cellville을 개발했고, 2007년 국무총리 공관에 가정용 연료전지 1호를 설치했어요. 에네팜처럼 온수와 전기를 공급하는 연료전지입니다. 2010년에는 각 가정에 신재생 에너지 발전기 설치 비용을 지원해 주는 '그린홈 100만 가구 보급 사업'을 시행했고, 현재까지 1,700여 가구가 참여했습니다. 그러나 아쉽게도, 아직까지는 연료전지 이용량이 많지 않습니다.

가정용 연료전지 시스템을 아파트와 같은 공동 주택이나 공장에 설치하면 전기가 전송되는 과정에서 손실되는 전력을 줄일 수 있어요. 땅이 넓고 인구 밀집도가 낮은 나라의 경우 대규모 발전소에서 멀리 떨어진 가정으로 전기를 공급하는 것보다 각 가정에 연료전지 시스템을 설치하는 것이 에너지를 절약하는 방법일 수 있습니다.

연료전지는
정말 착한 기술일까

지금까지의 내용을 살펴보면 수소 연료전지는 이산화탄소를 발생시키기는커녕 오히려 미세먼지를 없애는 친환경적인 기술로, 제작 비용이 많이 든다는 것 외에는 단점이 없는 듯 보입니다. 수소만 있으면 전기를 무한정 만들 수 있고 태양광을 이용하면 수소를 끝없이 만들 수 있으니, 태양이 사라지지 않는 한 얼마든지 이용할 수 있는 기술이고요. 수소 분리 기술만 조금 더 개발되면 누구나 저렴하게 쓸 수 있을 것 같습니다. 그런데 정말, 수소 연료전지는 전 세계의 모든 인류가 저렴하게 이용할 수 있는 기술일까요?

전망은 그다지 밝지 않습니다. 수소 분리 기술을 한창 연구하고 있는 일본, 미국 등의 몇몇 나라가 특허권을 점령할 것이기 때문입니다 (기술 특허권은 20년 동안 지속됩니다). 수소 연료전지 개발은 큰돈이 드는 연구 사업이기 때문에 개발도상국은 쉽게 뛰어들 수 없습니다. 우리나라도 연구한 지 20년이 안 됐고, 이제 조금씩 발전하고 있는 단계입니다. 우리나라보다 소득이 낮은 국가들은 대부분 수소 연료전지 개발을 시작도 못 했어요.

그렇다면 수소 연료전지 자동차가 상용화되어 전 세계를 누빌 때 누가 수소를 점유하게 될까요? 수소 연료전지 자동차에 사용되는 수소는 탄소를 제거한 순수한 수소로, 700바bar(압력의 단위. 1기압은 약 1.013바)로 압축한 뒤 액화해 고압 수소통에 저장해야 해요. 바로 이 기술을 가진 나라가 수소 연료를 점유할 것입니다. 현재 수소 연료전지를 적극적으로 개발하고 있는 몇몇 나라가 되겠지요. 뿐만 아니라 그 나라들이 다국적 기업을 만들어 전 세계의 수소 연료시장을 지배할 수도 있어요. 그러면 그들의 요구와 국제 정세에 따라 수소 연료의 가격이 바뀔 것입니다. 마치 오늘날 석유를 가진 나라들과 같은 영향력을 행사하겠지요. 누구나 값싸게 마음껏 이용할 수 있는 연료가 아니라 국가 간 이해관계에 따라 이용 권한이 결정되는 연료가 될 수도 있어요. 그럼에도 수소는 인류의 미래 에너지원으로 이용될 가능성이 큽니다. 몇몇 나라만 가진 석유와 달리 물은 대부분의 나라가 가지고 있기 때문이지요.

수소 연료전지 시대를 맞이하려면 기술 특허권 문제를 해결하는 것뿐만 아니라 연료전지 기반 시설을 갖추는 것도 매우 중요합니다. 필요할 때 언제든 수소를 충전할 수 있도록 곳곳에 수소 스테이션을 설치하고, 연료전지를 다룰 줄 아는 전문 기술자를 양성하며, 이 기술과 관련된 다양한 정책과 제도를 정비해야 합니다.

5 에너지 하베스팅

버려지는 에너지를
모아서
쓸 수 있을까?

아침에 일어나 스마트폰을 확인한 미래는 울상이 되었어요. 친구들을 만나러 가야 하는데 충전이 되지 않아 배터리가 얼마 없었거든요. 그런데 얼마 전 아빠가 사다 주신 에너지 하베스팅 옷과 신발이 떠올라 안심했습니다. 그 옷과 신발을 이용하면 옷이 스칠 때 생기는 정전기와 신발 바닥을 누르는 압력을 전기 에너지로 전환해 스마트폰을 충전할 수 있거든요. 미래는 에너지 하베스팅 옷을 입고 신발을 신은 뒤 집 밖으로 나섰습니다.

스마트 시대의
전력 공급 장치

스마트폰, 스마트 패드, 스마트 텔레비전 등의 지능화된 단말기 스마트 디바이스smart device는 지금처럼 손에 들고 다니는 형태에서 몸에 착용하는 형태로 바뀌고 있어요. 이를 웨어러블wearable 스마트 디바이스라고 하는데, 스마트 워치smart watch, 구글 글래스google glass 등이 대표적입니다.

스마트 디바이스를 착용할 수 있는 형태로 만들기 위해서는 배터리, 디스플레이, 전극 등 구성 요소의 형태부터 바꿔야 합니다. 특히 배터리는 부피, 무게, 충전에 여러 제약이 있으므로 배터리 대신 전기를 공급할 전력 공급 장치를 개발해야 해요. 구부리거나 늘리는 등 다양하게 변형할 수 있는 플렉서블 디스플레이flexible display, 플렉서블 전

화면이 휘어지는 플렉서블 디스플레이 스마트폰.

극은 이미 완성 단계에 접어들었지만 전력 공급 장치 연구는 아직 부족한 상황입니다.

다행히 최근에는 마이크로micro, 나노nano 기반의 에너지 공급 방식과 장치에 대한 연구가 어느 정도 성과를 보이고 있습니다. 무선 전력 공급과 에너지 하베스팅energy harvesting이 대표적인데, 그중 에너지 하베스팅은 우리 몸이 움직일 때 발생하는 압력, 마찰, 열 등 다양한 에너지를 전기로 바꿔 스마트 디바이스를 작동시키는 기술입니다. 역학적 에너지인 압력을 전기로 바꾸거나 마찰 때문에 발생하는 정전기를 전기로 바꿔 스마트 디바이스를 작동시키는 데 필요한 에너지를 공급하는 것이지요. 어떻게 이런 일이 가능할까요? 바로 나노 전력발전 소자 덕분입니다.

나노 전력발전 소자와 에너지 하베스팅

에너지 하베스팅은 나노 전력발전 소자로 전기 에너지를 만들어 저장하거나 사용하는 방식으로 이루어집니다. 나노 전력발전 소자는 우리 주변에서 버려지는 작은 에너지를 이용해 전기를 만드는 신재생 에너지 수집 장치예요. 우리 주변에 존재하는 바람, 파도, 미세 진동과 같은 역학적 에너지는 물론이고 빛, 열, 정전기와 같은 다양한 형태의 에너지원을 전기 에너지로 변환할 수 있습니다. 이 기술은 무선 감지기 네트워크, 모바일 기기, 웨어러블 컴퓨터 등이 등장하면서 더욱 주목받고 있습니다.

나노 전력발전 소자에는 태양광을 모으는 태양 전지, 열을 모으는 열전 소자, 진동을 전기로 바꾸는 압전 소자, 전자기파를 모으는 무선 주파수RF,Radio Frequency 방식 등이 있습니다. 각 소자를 이용해 얻을 수 있는 에너지는 제곱센티미터당 태양 전지가 약 0.4~40밀리와트mW, 열전 소자는 약 0.01~10밀리와트, 압전 소자는 약 0.005~10밀리와트며, 무선 주파수 방식은 약 0.1~5밀리와트입니다. 이렇게 얻은 전기 에너지는 전력량에 따라 원격 나노 감지기, 웨어러블 전자 회로, 의학 디바이스, 건강 관리 시스템, 무선 감지기 네트워크, 군용 디바이스, 무선 인식, 모바일 기기, 마이크로 로봇, 자동차 등 다양한 곳에 사용됩니다. 나노 전력발전 소자를 활용한 기기는 전력을 직접 만들어 내 안전성, 보안성, 지속 가능성을 높이고 탄소 발생과 공해를 줄인다는 특징이 있습니다.

압력을 이용하는 압전 에너지 하베스팅

네덜란드 암스테르담에는 독특한 클럽이 있습니다. 바닥 전체에 압전 소자가 설치되어 있어 사람들이 춤을 추며 움직일 때마다 한 사람당 5~10와트의 전기 에너지가 만들어지는 곳이에요. 이처럼 바닥에 압전 소자를 설치하면 사람들이 걸을 때 생기는 압력을 전기 에너지로 전환해 사용할 수 있습니다. 압전 소자를 자동차가 다니는 도로에 설

라이터의 불꽃은 압전 소자를 통해 만들어집니다.

치해 가로등과 신호등을 작동시킬 전기를 얻을 수도 있어요. 놀랍게도 압전 마이크, 압전 스피커, 가스난로 점화 장치, 라이터 등 압전 소자를 이용한 기기는 이미 일상 곳곳에서 다양하게 사용되고 있습니다.

압전 소자의 발견

압전 소자는 외부에서 힘을 가하면 전압이 발생하는 재료를 말합니다. 일반적으로 전기쌍극자(전하량이 같은 양전하와 음전하가 일정한 거리만큼 떨어져 있는 상태)는 특정한 방향 없이 흩어져 있어 전기를 띠지 않는데, 퀴리 온도curie temperature(물질이 자성을 잃는 온도) 이상으로 열을 가하고 강한 전기장을 가하면 전기장을 따라 재배열돼 전기를 띱니다. 그리

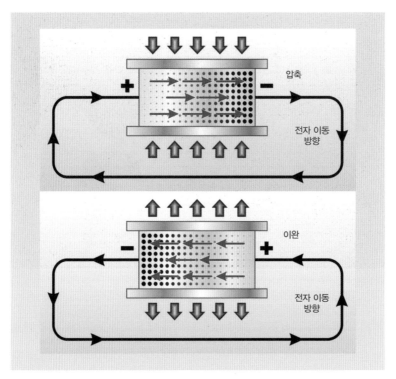

압전 소자에 힘을 가하면 전류가 흐르는데, 이를 피에조 효과라고 합니다.

고 이러한 분극 과정을 거치면 재료는 압전성을 띱니다. 이렇게 만들어진 압전 소자에 힘을 가하면 겉면에 전기적 변형이 일어나는데, 이 현상을 '피에조 효과piezoelectric effect'라고 합니다. 힘을 가하면 전압이 발생하는 정압전 효과direct effect와 전압을 가하면 변형되는 역압전 효과converse effect를 모두 갖습니다. 이처럼 압전 소자는 역학적 에너지를 전기 에너지로 변환하거나 전기 에너지를 역학적 에너지로 변환하는 소재입니다.

압전 현상은 1880년 마리 퀴리Marie Curie의 남편 피에르 퀴리Pierre Curie가 발견했습니다. '압전'의 영어식 표기인 'piezoelectric'은 그의 이름에서 유래했어요. 이후 수정crystal, 타이타늄산바륨BaTiO₃ 등을 재료로 하는 압전 소자가 개발되었습니다. 압전 소자는 자극에 대한 반응이 뛰어나기 때문에 정밀성이 요구되는 마이크로, 나노 크기의 제품들에 주로 이용됩니다.

압전 소자와 발광다이오드

압전 소자를 이용해 전기를 만들 수는 있지만 대량 발전은 역부족입니다. 그렇다면 압전 소자로 만든 전기 에너지는 주로 어디에 쓰일까요? 전력은 전압과 전류의 곱인데, 압전 소자의 전류는 세기가 매우 작지만 전압은 꽤 높습니다. 그래서 발광다이오드LED, Light Emitting Diode를 작동시키는 데 효과적이에요.

발광다이오드는 1960년대에 발명되었습니다. 하지만 빛의 삼원색 중 파란빛을 내는 발광다이오드는 1992년에야 개발되었어요. 그 뒤로 조명, 디스플레이, 정보통신 기술뿐 아니라 거의 모든 분야에서 쓰이고 있습니다. 발광다이오드는 전류를 많이 소모하지 않지만 어느 정도 이상의 전압에서만 작동합니다. 예를 들어 일상에서 우리가 흔히 사용하는 1.5볼트 건전지로는 빨간색 발광다이오드를 켤 수 없어요. 하지만 압전 소자가 만드는 전압은 수 볼트에서 수천 볼트에 이르므로 발광다이오드 여러 개를 동시에 켤 수 있습니다. 발광다이오드 사용 분야가 넓어지면서 압전 소자의 활용도도 높아지고 있습니다.

압전 에너지 하베스팅 소자

압전 소자는 에너지 하베스팅에 매우 효과적입니다. 특히 웨어러블 스마트 디바이스를 작동시키는 데 매우 유용해요. 물론 이를 현실화하려면 압전 소자에서 역학적 에너지가 전기 에너지로 전환되는 효율을 지금보다 높여야 합니다.

2006년 미국 조지아공과대학교의 왕종린Wang Zhong Lin 교수는 산화아연ZnO 단일 나노선nano wire(지름 1나노미터 굵기의 선)으로부터 압전 특성이 발생한다는 것을 원자 현미경으로 발견하고 압전 소자의 발전 구조를 처음으로 밝혔습니다. 이때부터 압전 에너지 하베스팅 소자 연구가 시작되었어요. 산화아연, 황화카드뮴CdS, 황화아연ZnS, 질화갈륨GaN, 질화인PN과 같은 압전 반도체와 비닐의 한 종류인 이소불화비닐PVDF, Poly Vinyldienfluoride, 타이타늄산바륨과 같은 압전 절연체를 이용한 다양한 압전 소자가 개발되었고, 발전 방식도 연구되고 있습니다.

우리나라에서도 압전 소자를 이용한 에너지 하베스팅 연구가 활발히 이루어지고 있습니다. 2012년에는 기존에 나와 있던 압전 소자보다 최대 36배 효율을 보이는 소자도 개발되었어요. 이를 이용하면 구부리는 힘만으로도 발광다이오드를 켤 수 있습니다.

정전기를 이용하는
정전 에너지 하베스팅

누구나 한 번쯤은 자동차 손잡이를 잡거나 악수를 할 때 정전기를 느껴 봤을 거예요. 정전기는 물체의 마찰로 전하가 한 곳에 모여 전기를 띠는 현상으로, 한 곳에 모인 전하가 사람의 몸이나 물체를 통해 지면으로 이동하는 것을 '정전기 방전'이라고 합니다. 정전기가 방전되면 보통 따끔한 느낌이 들고, USB 메모리나 전기·전자 제품에는 심각한 손상을 주기도 합니다.

정전기는 다양한 상황에서 발생합니다. 정전기의 세기도 상황에 따라 달라져요. 그렇다면 옷이 스칠 때 생기는 정전기는 전압이 얼마쯤 될까요? 가정에서 흔히 쓰는 220볼트 정도일까요? 놀랍게도 약 2만 볼트입니다. 하지만 이 정도는 별거 아니에요. 정전기의 최고봉은 바로 번개입니다.

번개가 전기 현상이라는 것은 1752년 미국의 과학자 벤저민 프랭클린Benjamin Franklin이 알아냈어요. 번개는 소나기구름 내부의 작은 물방울이나 얼음 알갱이가 움직이고 서로 부딪쳐 대전된(전자의 이동으로 전기를 띠게 된) 전하가 지상으로 이동하는 현상인데, 번개의 전압은 최대 10억 볼트, 전류는 최대 3만 암페어A입니다. 둘을 곱한 전력은 순간적으로 최대 30조 와트나 되지요. 이는 전구 약 1만 4,000개를 24시간 동안 켤 수 있는 엄청난 양의 에너지입니다.

번개의 전력은 최대 30조 와트로, 전구 약 1만 4,000개를 24시간 동안 켤 수 있는
엄청난 에너지입니다.

정전기의 발견

인간이 전기의 존재를 알게 된 지는 꽤 오래되었습니다. 지금으로부터 약 2,600년 전 그리스 철학자 탈레스Thales는 모피로 호박(나무에서 흘러나온 나뭇진이 굳어져 만들어진 광물)을 닦아 광택을 내다가 깃털과 먼지가 호박에 달라붙는 정전기 현상을 발견합니다. 그러나 원인은 알아내지 못했어요. 정전기의 실체는 그로부터 약 2,000년 뒤 영국의 과학자 윌리엄 길버트William Gilbert가 밝힙니다. 모든 물체는 전기적으로 양전하와 음전하가 균형을 이루고 있다는 것, 서로 다른 두 물체를 문지르면 마찰에 의해 하나의 물체에서 다른 물체로 음전하를 띤 전자가 이동해 두 물체가 각각 양전하와 음전하로 대전된다는 것을 알게 되었지요.

정전기를 이용한 기기

정전기는 생활 곳곳에서 유용하게 쓰이고 있습니다. 복사기로 인쇄할 때도 정전기가 이용돼요. 음전하를 띤 복사기 토너의 검은 탄소 가루는 정전기에 의해 드럼의 양전하를 띤 부분에 붙었다가 다시 정전기에 의해 종이 위로 붙습니다. 그 상태에서 높은 열을 가하면 탄소 가루가 종이에 붙어 인쇄가 됩니다. 정전기는 자동차에 색을 입히는 과정에도 이용됩니다. 음전하를 띤 페인트 입자가 정전기로 인해 양전하를 띠는 자동차 표면에 달라붙는 거예요. 이렇게 하면 고르게 도색이 됩니다.

정전 에너지 하베스팅 소자

정전기 방전은 전류가 흐르는 현상입니다. 그렇다면 방전되는 그 전류를 모아 사용할 수는 없을까요? 벤저민 프랭클린은 라이덴병leyden jar(전기를 모으는 장치)에 번개를 모으려 했지만 실패했습니다. 이 외에도 정전기가 방전될 때의 에너지를 전력으로 이용하려는 노력은 오랫동안 이어져 왔지만 아직은 연구하는 과정에 있습니다.

최근에는 정전기의 전압을 이용한 에너지 하베스팅이 주목받고 있습니다. 정전기가 방전될 때 전류의 세기는 매우 작지만 전압은 수천 볼트에 이르기 때문에 압전 소자와 마찬가지로 수많은 발광다이오드를 켤 수 있어요. 그래서 정전 소자는 매우 다양하게 활용됩니다. 전구나 형광등처럼 조명 장치로 쓰이는 것은 물론이고 빛의 세기와 범위를 미세하게 조정할 수 있어 신호와 정보도 주고받을 수 있어요. 발광다이오드가 개발되면서 그 전에는 쓸모없게 여겨지던 정전기가 중요한 에너지원으로 떠오르고 있습니다.

마찰 과정에서 발생하는 정전기의 전압과 전류의 세기를 더 높이면 전기로도 이용할 수 있습니다. 과학 기술의 발달로 스마트 디바이스의 소비 전력이 낮아지고 정전 소자의 효율이 높아지면 정전기로 스마트폰의 전력을 공급하는 날도 올 수 있습니다.

단점을 보완한
하이브리드 에너지 하베스팅

아쉽게도 에너지 하베스팅 기술에는 결정적인 문제가 있습니다. 에너지 하베스팅으로 생산된 에너지는 전압이나 전류, 둘 중 하나(주로 전류)의 세기가 약하다는 거예요. 그래서 최근에는 하이브리드 에너지 하베스팅 기술이 연구되고 있습니다. 하이브리드는 두 가지 이상의 다른 기능을 합친 것인데, 에너지 하베스팅 분야에서는 서로 다른 에너지원을 이용하는 에너지 하베스팅 소자들을 하나의 소자로 융합해 좀 더 많은 양의 출력 값을 얻는 방식으로 이용됩니다. 특히 압전 소자와 정전 소자보다 전류 발생량은 높지만 전압 발생량이 낮고 시공간의 제약이 큰 태양 전지가 하이브리드 소자로 주목받고 있어요. 그 외에 열전, 초전 효과를 이용한 소자도 연구되고 있습니다.

태양 전지와 압전 소자 융합

하이브리드 나노 전력발전 소자의 가장 간단한 구성은 태양 전지와 압전 소자의 융합입니다. 태양 전지는 무한한 에너지원인 태양광을 이용하는 에너지 발생 장치로서 주목받고 있지만 맑은 날 낮에만 구동할 수 있다 보니 에너지 변환 효율이 낮고 시공간의 제약을 많이 받습니다. 그런데 태양 전지와 압전 소자를 동시에 구동하면 두 소자의 출력 값을 더한 것 이상으로 효율이 높아져요. 압전 소자 안에 있는 압전 물질이 전압과 전기장을 만들면서 태양 전지 효율을 높이기 때문입니다. 빛을 비추었을 때 출력 전압이 0.591볼트, 출력 전류가 6.9마이크로암페어㎂인 경우 압력과 빛을 동시에 가하면 전압이 0.6볼트로 오릅니다.

태양 전지와 정전기 소자 융합

태양 전지와 압전 소자 하이브리드의 경우 압전 소자의 출력 전압 값이 충분하지 않아 태양 전지가 구동하지 않을 때는 효율이 매우 떨어집니다. 하지만 정전기 소자는 수백 볼트의 전압을 발생시키기 때문에 태양 전지를 구동시킬 수 없는 밤이나 흐린 날에도 전력을 만들 수 있어요.

출력 전압이 0.6볼트, 출력 전류가 18밀리암페어㎃인 규소 태양 전지의 경우 나노선 형태의 정전기 소자를 융합하면 전압이 약 3볼트로 오릅니다. 교류 형태의 전압을 발생시키는 정전기 소자에 정류 회로(교류를 직류로 변환하는 회로)를 추가해 태양 전지와 연결시키면 두 소자가 동시에 작동해 전압이 오르지요.

초전 소자와 압전 소자 융합

초전 효과는 온도 변화에 따라 전압과 전류가 발생하는 현상입니다. 초전 효과를 이용한 소자는 압전 소자보다 훨씬 많은 양의 전류가 흐르지만 전압은 적게 발생합니다.

초전 소자와 압전 소자를 융합한 하이브리드 소자의 온도를 0도에서 3도로 변화시키고 압력을 더하면 초전 소자의 출력 전류는 5마이크로암페어, 압전 소자의 출력 전류는 200나노암페어^{nA} 정도로 나옵니다. 이때 전압은 3볼트 정도로 측정되는데, 초전 소자가 발생시키는 전압의 7,000배 정도입니다. 압전 소자의 높은 전압과 초전 소자의 높은 전류를 이용한 이 소자는 다양한 전자 장비에 이용할 수 있습니다.

멀고도 가까운 미래, 스마트 도시

에너지 하베스팅이 일상화된 미래는 어떤 모습일까요? 미래에는 공공시설을 네트워크로 연결한 스마트 도시$^{smart\ city}$가 등장할 거예요. 사람의 움직임, 열, 온도, 무선 전파 등을 통해 스마트 디바이스를 원격으로 충전하고, 나노 전력발전 소자로부터 에너지를 공급받는 감지기를 신발에 붙여 사람의 영양 상태, 심박 수, 운동량 등을 측정할 거예요. 스마트 의료도 이루어지겠지요. 뿐만 아니라 자동차가 다리를 지날 때 발생하는 진동으로부터 얻은 에너지로 다리의 감지기를 작동시켜 안전성을 검사하고 다리에 가해지는 힘을 분석해 교통 흐름을 파악할 것입니다.

미래에는 에너지 하베스팅 관련 직업도 생길 것입니다. 국제연합이 내놓은 〈유엔미래보고서 2025〉는 환경·에너지 분야 미래 유망 직업 중 하나로 에너지 하베스터 energy harvester 를 꼽았어요. 운동, 빛, 열에너지를 전기 에너지로 변환하는 장치를 연구하고 감지기, 저장 장치, 제어 장치, 무선 통신 인터페이스를 개발하는 직업이에요. 물리학, 기계 공학, 전자 공학, 에너지 자원 공학, 시스템 공학에 관한 전문 지식과 분석력, 창의력, 소통 능력이 필요합니다.

에너지 하베스팅은 아직 낯선 기술이지만 과학의 발달 속도를 볼 때 10년 뒤에는 일상이 되어 있을 것입니다. 불과 몇 년 전까지만 해도 상상하지 못했던 기술들이 이미 수없이 개발되고 있어요. 최근에는 국내 기업 테그웨이 TEGway 가 열에너지를 전기 에너지로 전환하는 체온 전력 생산 기술을 개발해 유네스코 선정 2015년 '세상을 바꿀 10대 기술' 대상을 차지하기도 했습니다. 에너지 하베스팅 기술이 더욱 발달하면 지금 이 순간에도 우리 주위에서 버려지고 있는 수많은 작은 에너지를 전기로 바꿔 이용할 수 있을 거예요. 아직은 멀게만 느껴지지만, 언젠간 반드시 다가올 미래입니다.

6 핵 발전

핵에너지는
과연 안전할까?

여름밤, 미래는 잠자리에 누워 뒤척거리다가 너무 더워서 일어났습니다. 에어컨을 켜고 시계를 보니 새벽 2시가 지나고 있었어요. 어차피 잠들기는 틀렸다는 생각에 일어나 블로그를 뒤적였습니다. 10여 년 전 찍은 사진이 눈에 들어왔습니다. 선풍기 앞에서 수박을 먹으며 가족들과 환히 웃고 있는 사진이었어요. 미래는 확실히 예전보다 더워진 것 같다는 생각이 들었습니다. 10년 뒤에는 또 얼마나 더워질까요?

이산화탄소를 줄이는 두 가지 방법

오늘날 전 세계의 과학자들은 지구 온난화의 가장 큰 원인인 이산화탄소를 줄이기 위해 여러 방법을 찾고 있습니다. 그중 하나가 이산화탄소를 발생시키지 않는 에너지원을 찾는 거예요. 풍력, 태양광 등 신재생 에너지는 석탄, 석유와 같은 화석 연료보다 이산화탄소 발생량이 매우 적습니다. 그러나 화석 연료보다 발전 단가가 높고 넓은 땅을 필요로 한다는 단점이 있어요. 안정적으로 전기를 공급하기도 어렵지요. 날씨에 따라 전기 공급량이 달라지기 때문에 공장, 연구소 등의 시설에 지속적으로 전기 공급을 할 수 없습니다.

　이산화탄소를 줄이는 또 다른 방법은 이산화탄소를 모아 땅에 묻는 거예요. 그래서 개발된 것이 탄소 포집 및 저장CCS, Carbon Capture and Storage 기술입니다. 발전소에서 나오는 이산화탄소를 대기로 배출되기

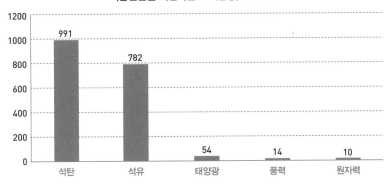

〈발전원별 이산화탄소 배출량〉(2006년)

출처: 국제원자력기구 | 단위: g/kWh

전에 포집하고 강한 압력을 가해 액체 상태로 만든 뒤 땅속의 안전한 지층에 묻는 방식입니다. 현재 우리나라도 한국해양과학기술원에서 탄소 포집 및 저장에 적합한 지층을 찾고 있습니다.

국제원자력기구IAEA, International Atomic Energy Agency의 자료에 따르면 발전원별 이산화탄소 배출량은 석탄이 1킬로와트시당 991그램, 원자력이 1킬로와트시당 10그램으로, 석탄이 원자력보다 약 100배 많습니다. 원자력이 배출하는 이산화탄소는 1킬로와트시당 54그램을 배출하는 태양광 발전보다도 훨씬 적어요. 이산화탄소 배출량으로만 보면 원자력 발전은 지구 온난화를 막는 데 매우 유용한 기술입니다.

위험하지만 필요한
핵분열 발전

화성 이주 프로젝트에 대해 들어 봤나요? 미국의 우주개발 회사 스페이스엑스SpaceX는 화성을 사람이 살 수 있는 행성으로 만들기 위한 기술을 연구개발 중입니다. 이들은 지구와 화성을 잇는 인터넷도 개발하고 있고, 2018년에는 화성 무인 탐사도 시작할 계획입니다. 그리고 2030년에는 유인 우주선을 화성으로 보낼 예정이라고 해요.

현재 화성에 있는 탐사선은 태양광 발전으로 만든 에너지로 작동하고 있습니다. 그래서 밤이 되면 전기를 만들 수 없어요. 미국 항공우주국NASA, National Aeronautics and Space Administration은 이러한 문제를 해결하기 위해 우주 기지에서 사용할 수 있는 초소형 핵분열 발전기 '킬로파워kilopower'를 개발 중입니다. 킬로파워는 주변 환경의 영향을 받지 않고 안정적으로 전기를 공급할 수 있습니다. 우주선으로 화성까지 이동할 때도 연료 대신 핵분열 에너지를 사용하면 우주선의 무게를 훨씬 줄일 수 있어 더 빠른 속도로 화성까지 이동할 수 있을 것입니다.

핵분열 발전의 원리

모든 물질은 원자로 이루어져 있습니다. 원자는 원자핵과 전자로 이루어져 있고, 원자핵은 양전하를 띠는 양성자와 전하를 띠지 않는 중성자로 이루어져 있지요. 우라늄-235의 원자핵은 중성자를 흡수하면

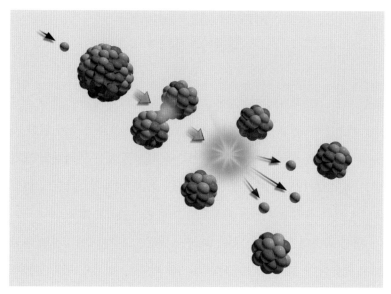

핵분열 과정. 우라늄-235의 원자핵은 중성자를 흡수하면 두 개의 원자핵으로 분열하고,
분열된 두 원자핵의 질량과 우라늄-235 질량의 차이만큼 에너지로 전환됩니다.

두 개의 원자핵으로 분열합니다. 이때 분열된 두 원자핵의 질량은 우
라늄-235의 질량보다 약간 적은데, 질량의 차이만큼 에너지로 전환돼
요. 이러한 방식으로 에너지를 만드는 것이 핵분열 발전입니다. 아인
슈타인이 제시한 질량-에너지 등가 원리($E=mc^2$)에 따르면 우라늄 핵
이 분열할 때 '감소한 질량×빛의 속도^2'만큼 에너지로 전환됩니다. 이
에 따르면 우라늄 1그램은 석탄 3톤에 맞먹는 전기 에너지를 생산할
수 있어요.

1983년부터 운영 중인 경상북도 경주의 월성원자력발전소. 우리나라는 24기의 핵분열 발전소를 가동하고 있습니다.

원자력 폐기물 처리 문제

핵분열 발전은 이산화탄소 발생량이 적고 전기 공급도 안정적이어서 미래의 발전 방식으로 주목받고 있습니다. 하지만 매우 위험한 기술이기도 해요. 2011년 일본 후쿠시마원자력발전소 사고처럼 발전소가 폭발할 위험도 있고, 핵폐기물을 안전하게 처리할 완벽한 방법도 아직 없습니다.

핵분열 발전에 사용된 핵연료는 방사능이 매우 강한 고준위 폐기물highlevel radioactive waste이기 때문에 땅속의 안전한 지층에 구멍을 뚫어서 묻어야 합니다. 그러나 우리나라는 아직까지 핵폐기물을 보관할

시험적으로 땅에 구덩이를 파서 저준위 폐기물을 묻는 미국 네바다주의 처리장.

안전한 지층을 찾지 못했어요. 핵폐기물은 10만 년 이상 안전하게 보관해야 하는데, 지각 변동을 예측할 수 없는 지구에서 10만 년이 지나도 변화가 없을 안전한 지층을 찾기란 어렵기 때문이지요. 실제로 1960년 미국은 안전할 거라 예상하고 그린란드 빙하 아래 핵폐기물을 묻었는데 지구 온난화가 심화되면서 빙하가 녹아 2090년 핵폐기물에 노출될 위기에 처했습니다. 지진이나 테러 등으로 핵발전소가 폭발할 경우 엄청난 양의 방사선을 내는 폐기물들이 공기 중에 그대로 노출될 수 있는 위험한 상황입니다.

우리나라에서는 핵분열 발전소에서 사용한 작업복, 종이 등 저준위 폐기물을 2015년부터 경주 방사성 폐기물 처분시설에서 임시로 처리하고 있습니다. 현재 24기의 핵분열 발전소를 가동 중인데 고준위 폐기물은 처리되지 못한 채 발전소에 쌓이고 있습니다.

후쿠시마원자력발전소 사고를 계기로 유럽의 많은 나라는 핵분열 발전을 중단했고, 핵발전소를 해체했거나 해체하는 중입니다. 그렇다면 인류는 이제 핵 발전을 할 수 없는 걸까요?

소형 모듈 원자로 개발

과학자들은 방사선 유출량을 줄이기 위해 기존에 있던 핵발전소의 10분의 1 정도 크기(약 100메가와트)로 소형 모듈 원자로를 만들었습니다. 이전의 원자로는 냉각수를 공급받아야 해서 바다나 강 근처에만 지었지만 소형 모듈 원자로는 물 대신 금속으로 냉각하고 원자로 내부에 모든 장치가 있기 때문에 몽골과 같은 내륙에도 지을 수 있어요. 땅이 넓어 인구가 분산된 곳이나 외딴 섬에도 지을 수 있지요. 핵연료인 우라늄도 기존의 핵발전소에서 사용되던 양의 5퍼센트면 충분하고, 핵무기로 전환될 위험도 거의 없습니다. 발전소 전체를 밀봉해 땅에 묻을 수도 있어 해일이나 테러로 일어나는 피해도 막을 수 있어요. 우리나라에서는 '스마트SMART, System-integrated Modular Advanced Reactor'라는 소형 모듈 원자로를 개발해 2015년 사우디아라비아에 수출했습니다.

토륨 원자로 개발

토륨을 이용한 원자로도 꾸준히 개발되고 있습니다. 토륨은 자발적으로 핵분열 연쇄 반응을 일으키는 우라늄과 달리 외부에서 중성자를 공급해야만 핵분열을 일으켜요. 예전에는 토륨의 이러한 특징이 단점으로 꼽혀 주목받지 못했는데 후쿠시마 사고 이후 안전 문제가 무엇보다 중요해지면서 최근에는 오히려 장점으로 여겨지고 있습니다. 지진이나 해일로 전기가 차단되면 핵분열이 자동으로 멈출 테니까요. 또한 토륨 원자력 발전은 방사성 폐기물도 거의 나오지 않아 핵연료 처리도 우라늄보다 쉬워요. 매장량도 우라늄보다 4배나 많고, 효율도 우라늄 원자로보다 수십 배 이상 높습니다.

토륨이 많이 매장되어 있는 인도는 2016년 토륨 핵분열 발전소를 짓기 시작했습니다. 중국도 2024년에 완성하는 것을 목표로 토륨 원자로를 연구하고 있어요. 미국의 빌 게이츠Bill Gates도 2010년 원자력

벤처 기업 테라파워Terra Power를 설립해 개발하고 있고, 초기 단계이긴
하지만 우리나라에서도 토륨 핵분열 발전을 연구하고 있습니다. 이처
럼 지금은 세계 곳곳에서 토륨 원자력 발전을 연구하고 있는데, 어쩌
면 미래에는 또 다른 핵분열 원료를 찾아낼지도 몰라요.

지속 가능한
핵융합 에너지

영화 〈아이언맨〉에는 최신 기술로 만든 아이언맨 슈트가 나옵니다. 이
슈트만 입으면 하늘도 날고, 레이저도 쏘고, 미사일도 발사할 수 있어
요. 놀라운 기능을 갖춘 이 슈트는 핵융합 에너지로 움직입니다. 가슴
중앙에 달린 상온 핵융합 발전 장치 '아크 원자로'에서 만들어진 에너
지로 작동하지요.

아이언맨 슈트는 사람들의 상상력을 자극합니다. 실제로 구입하고
싶어 하는 사람들도 있어요. 그러나 아쉽게도 이 슈트를 현실에서 만
드는 건 아직 불가능합니다. 핵융합은 상온에서 이뤄지지 않기 때문이
에요. 핵융합 발전을 하려면 온도를 무려 1억 도까지 올려야 합니다.

핵융합 발전의 원리
화력 발전은 화석 연료로 물을 끓이고 그 수증기로 터빈을 돌려 전기

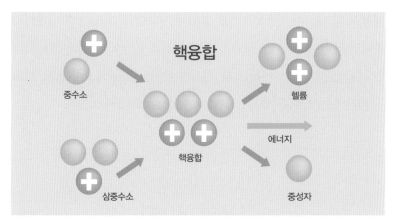

핵융합 과정. 중수소와 삼중수소를 충돌시키면 헬륨 원자핵과 중성자가 생깁니다.

유럽연합이 개발한 대형 토카막 'JET(Joint European Tokamak)'.

를 생산하는 기술입니다. 핵분열 발전은 우라늄의 핵분열 에너지로 물을 끓이고 터빈을 돌려 전기를 생산하지요. 핵융합 발전도 비슷합니다. 단지 물을 끓이는 데 핵융합 에너지가 쓰일 뿐입니다.

핵융합 발전 과정은 다음과 같습니다. 먼저 도넛 모양으로 생긴 '토카막tokamak'이라는 기기 안을 진공 상태로 만들고 토카막의 초전도체에 전류를 흘려 강한 자기장을 만듭니다. 그리고 토카막 안에 중수소와 삼중수소를 넣어 1억 도 이상의 플라스마(물질이 전자와 원자핵으로 분리된 상태)를 만듭니다. 그러면 중수소와 삼중수소가 충돌하는 핵융합 반응이 일어납니다. 핵융합이 일어나면 헬륨 원자핵과 함께 에너지가 큰 중성자가 생기고, 이 중성자는 토카막 주변에 채워진 물과 부딪히며 물의 온도를 높입니다. 그리고 이때 생긴 수증기로 터빈을 돌려 발전을 합니다. 핵융합 에너지가 중성자의 운동 에너지로 바뀌고 이것이 물의 열에너지로 전환된 뒤 전기 에너지로 바뀌는 것입니다.

핵융합 발전 원리는 태양과 똑같습니다. 태양도 우주에 가장 많은 원소인 수소로 핵융합을 해 헬륨을 만들며 어마어마한 양의 에너지를 우주로 내보냅니다. 지난 50억 년 동안 에너지를 만들었고 앞으로도 50억 년은 더 만들 수 있어요. 핵융합 발전은 태양처럼 무한에 가까운 에너지를 만들어 내는 '인공 태양'이라고 할 수 있습니다.

중수소와 삼중수소

원소는 전자, 양성자, 중성자의 개수에 따라 성질이 결정됩니다. 수소를 제외한 모든 원자는 원자핵과 그 주위를 도는 전자로 구성되어 있고, 원자핵을 이루는 양성자와 중성자의 숫자는 보통 같습니다. 그런데 같은 원소 중에서도 양성자와 전자는 같지만 중성자 수가 다른 경우가 있는데, 이를 동위원소라고 합니다. 예를 들어 양성자가 한 개인 수소의 동위원소에는 중성자가 한 개인 중수소와 중성자가 두 개인 삼중수소가 있어요. 이 물질들은 녹는점, 끓는점 등 화학적 성질은 같지만 질량과 같은 물리적 성질은 다릅니다. 핵융합 발전에는 일반적인 수소가 아니라 수소의 동위원소인 중수소와 삼중수소가 쓰입니다.

그렇다면 중수소와 삼중수소는 어떻게 얻을까요? 중수소는 바닷물에 풍부하게 들어 있습니다. 바닷물 1리터에서 얻을 수 있는 중수소는 0.03그램인데 이만큼으로 핵융합 발전을 하면 석유 300리터로 발전할 때와 비슷한 양의 전기를 얻을 수 있습니다. 바닷물의 양을 생각하면 중수소는 사실상 무한하다고 할 수 있어요. 삼중수소는 리튬^{Li}에서 얻을 수 있습니다. 리튬은 지구의 암석에 풍부하고, 바닷물에서도 얻을 수 있어요. 바닷물에는 약 1,500만 년 동안 사용할 수 있는 리튬이 들어 있습니다.

핵융합과 플라스마

고체, 액체, 기체를 물질의 세 가지 상태라고 합니다. 그런데 기체의 온도를 매우 높이면 원자끼리 강하게 충돌하면서 원자핵과 전자가 분리되는 플라스마 상태가 됩니다. 플라스마는 오로라, 번개, 형광등 등에서 관찰할 수 있어요. 지구에서는 흔히 볼 수 없지만 태양을 포함한 우주 물질의 99퍼센트는 플라스마로 존재합니다.

태양에서든 지구에서든 핵융합이 일어나려면 원자핵끼리 충돌해야 하므로 수소가 플라스마 상태로 존재해야 합니다. 하지만 플라스마는 기체 분자보다 빠르게 운동하기 때문에 한 곳에 모으기 어렵다는 문제가 있습니다.

플라스마를 가두는 토카막

원자핵과 전자는 온도가 높을수록 운동 속도가 빨라집니다. 1억 도 이

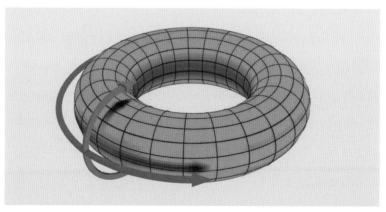

토카막 원리. 토카막의 초전도체에 강한 전류를 흘려 강한 자기장을 만들면 전하를 띤 입자가 자기장을 중심으로 정렬해 움직입니다.

상의 플라스마라면 엄청나게 빠른 속도로 운동하겠지요? 토카막은 이러한 플라스마를 가두는 그릇입니다. 도넛 모양으로 생긴 안쪽 공간에 전류를 흘려 강한 자기장을 만들면 플라스마가 공중에 뜬 채 한 방향으로 날아다녀요. 플라스마의 온도는 매우 높아서 플라스마가 핵융합로의 벽에 닿으면 벽이 손상됩니다.

토카막은 일반적인 금속으로 만들 수 없습니다. 구리와 같은 금속은 저항이 있어서 전류가 흐르면 열이 발생해 온도가 계속 올라가요. 그래서 전류가 흘러도 열이 발생하지 않는 소재로 만들어야 합니다. 초전도체는 낮은 온도에서 저항이 0에 가까워지기 때문에 매우 큰 전류도 견딥니다. 그래서 토카막을 만드는 데 쓰여요. 물론 핵융합을 할 때는 액체 헬륨으로 토카막을 냉각해 온도를 영하 200도 아래로 떨어뜨리며 저항을 없애 줘야 합니다. 영하 200도의 그릇으로 1억 도의 플라스마를 가두는 셈이지요.

핵융합 발전은 안전할까

핵융합 발전은 방사선 피폭 위험이 없는지 궁금한 사람이 많을 거예요. 핵융합 발전의 원료인 삼중수소에서도 방사선이 방출되긴 하지만 정도가 매우 약해서 피부를 뚫지 못하기 때문에 과학자들은 위험하다고 판단하지 않아요. 하지만 핵융합 반응에서 발생하는 중성자가 핵융합로의 일부분을 방사화해 방사선이 방출될 수 있으므로 핵융합로를 폐로할 때는 저준위 방사성 폐기물로 처리해야 합니다.

대전 국가핵융합연구소에 있는 핵융합 발전로 케이스타.

핵융합은 핵분열과 달리 연료를 공급하지 않으면 발전하지 않기 때문에 지진, 해일 등의 피해를 입어도 즉시 발전을 멈출 수 있어요. 핵분열 발전보다는 안전한 기술이지요.

우리나라의 핵융합 발전

우리나라는 2009년 핵융합 실험에 성공했습니다. 대전의 국가핵융합연구소NFRI, National Fusion Research Institute에서 핵융합 발전로 케이스타 KSTAR, Korea Superconducting Tokamak Advanced Research를 이용해 3.6초 동안 핵융합 반응을 일으켰어요. 이후 지금까지 연구를 거듭하며 최대 70초까

국제열핵융합실험로 모형. 우리나라는 실험로의 진공 용기, 초전도체 등을 만들며 참여하고 있습니다.

지 반응을 지속시켜 전기를 만들었지만, 아직 각 가정에 전기를 공급하기에는 역부족입니다.

핵융합 발전소를 만드는 데는 토카막, 초전도체, 플라스마 등 다양한 분야의 기술이 필요하기 때문에 한 나라의 기술력만으로는 한계가 있어요. 그래서 유럽연합, 미국, 러시아, 중국, 일본, 한국, 인도는 공동 연구를 계획하고 2007년부터 프랑스 남부 카다라슈에 케이스타의 20배가 넘는 규모로 핵융합 발전소를 짓고 있습니다. 이 발전소의 이름은 국제열핵융합실험로ITER, International Thermonuclear Experimental Reactor로, 라틴어 'iter'은 '길' 또는 '여행'을 뜻합니다. '인류의 미래 에너지 개발로 나아가는 길'이라는 바람이 담긴 이름이지요. 2025년 완공 예정인 이 발전소는 각 나라에서 부품을 만들어 프랑스에서 조립하는 방식으로 만들어지고 있습니다. 우리나라는 진공 용기, 초전도체 등을 만들며 참여하고 있습니다.

핵에너지의 미래

핵에너지는 방사선을 방출합니다. 방사선은 냄새도, 맛도, 색깔도 없지만 어느 정도 이상 노출되면 생명체에 치명적인 영향을 끼쳐요. 또 핵분열 발전에 이용되는 우라늄 농축 기술은 인류를 위협하는 핵무기를 만드는 데도 쓰입니다. 심지어 핵분열 현상은 2차 세계대전 때 전쟁 무기를 연구개발하는 과정에서 발견되었지요. 지금도 몇몇 나라는 핵 발전과 핵폭탄 기술을 동시에 개발하고 있습니다.

핵에너지는 인류의 희망인 동시에 재앙이 될 수 있습니다. 에너지 고갈 위기에 처해 있는 인류에게 사실상 무한한 에너지를 가져다 줄 자원이지만, 방사능 피폭과 핵전쟁의 가능성을 품은 골칫거리이기도 해요. 물론 핵융합 발전은 핵분열 발전보다 안전합니다. 그러나 핵융합 기술은 너무나 먼 미래의 이야기일 수 있어요. 인류가 핵융합 발전으로 에너지를 안정적으로 공급받기까지 얼마나 오랜 시간이 걸릴지 아무도 알 수 없습니다. 다만 분명한 건 세계 각 나라가 핵에너지를 어떻게 이용하느냐에 따라, 서로 얼마나 협력하느냐에 따라 인류와 지구의 미래가 달라질 거라는 사실뿐이에요.

7 미래의 물

마실 물을
어떻게 구할까?

지구 표면의 70퍼센트 이상은 물입니다. 그러나 우리가 마실 수 있는 물은 그중 3퍼센트 정도밖에 안 됩니다. 나머지는 마실 수 없는 바닷물이에요. 그런데 인구가 증가하고 환경오염이 심해지면서 그나마 있던 깨끗한 물도 점점 더 줄고 있습니다.

우리가 마시거나 생활용수로 쓰는 수돗물은 염분이 없는 호수나 강물, 즉 담수(淡水)를 정수해서 만드는데, 오염되었거나 녹조가 생겼거나 흙 때문에 혼탁해진 담수로는 깨끗한 수돗물을 만들기 어려워요. 그래서 2011년 파나마의 수도 파나마시티에서 홍수가 났을 때 수돗물 부족 사태가 벌어지기도 했습니다. 며칠간 이어진 홍수로 호수가 흙탕물이 되는 바람에 수돗물을 만들지 못한 거예요. 물난리가 났는데 마실 물이 없다니, 어처구니없는 일이지요.

정수 처리 시설의 침전 탱크. 고체 오물을 가라앉힌 뒤 제거합니다.

국제연합환경계획 UNEP, United Nations Environment Program 의 환경 보고서에 따르면 2017년 전 세계 인구의 3분의 1이 오염된 물을 마시고 있다고 합니다. 게다가 2025년에는 3분의 2가 물 부족에 시달릴 거라고 해요. 우리나라 역시 2025년에는 물 부족 문제를 겪게 될 것으로 보고 있습니다. 지금 상황도 좋지는 않습니다. 현재 우리나라의 연간 강수량은 1,200밀리미터로 세계 평균보다 1.3배 많은데, 여름에 강수량이 집중되고 인구 밀도가 높아 1인당 연 강수량은 세계 평균의 12퍼센트밖에 되지 않아요.

세계 곳곳에서 벌어지는 물 분쟁

미래네 동네는 요즘 시끌시끌합니다. 계속되는 가뭄으로 강이 말라 가자 강 상류의 윗동네 사람들이 지금이라도 댐을 세우겠다며 나선 거예요. 댐을 세우면 윗동네는 물이 많아지겠지만 강 하류에 있는 아랫동네의 물은 지금보다 줄어들 게 분명하기 때문에 아랫동네 사람들은 격렬하게 반대했어요. 그러나 윗동네 사람들은 계속 밀어붙였습니다. 결국 윗동네 사람들과 아랫동네 사람들의 갈등은 깊어졌어요. 지금은 인사조차 나누지 않는 사이가 되었습니다. 미래는 누구의 것도 아닌 강물을 마음대로 가지려 하는 윗동네 사람들이 이해되지 않았습니다.

청색 금의 시대

"19세기는 영토 전쟁, 20세기는 석유 전쟁, 21세기는 물 전쟁"이라는 말이 있습니다. 3차 세계대전이 일어난다면 물 전쟁에서 시작될 것이라는 연구자들도 있어요. 그만큼 물을 차지하기 위한 경쟁이 치열해지고 있습니다. 오늘날 물은 '청색 금bluegold'이라고도 불립니다.

큰 강은 여러 나라를 걸쳐 흐릅니다. 그런데 만약 강의 상류에 있는 나라들이 물을 마음대로 써 버리면 어떻게 될까요? 하류에 자리한 나라들의 물은 줄어들 테고, 상류의 나라들과 갈등을 겪게 될 거예요. 실제로 하나의 강을 공유하는 여러 나라가 물 분쟁을 벌이는 경우는 흔합니다. 대표적인 사례가 나일강 유역의 물 분쟁이에요. 세계에서 가장 긴 강으로 알려져 있는 나일강은 이집트, 수단, 에티오피아, 탄자니아, 우간다 등을 걸쳐 흐릅니다. 그런데 1950년대 이집트의 아스완 댐 건설을 둘러싸고 주변 국가들과 갈등이 시작되었어요. 이어 2011년 나일강 상류에 있는 에티오피아가 대규모 댐 건설을 발표하면서 긴장이 높아졌습니다. 물을 둘러싼 나일강 주변국의 분쟁은 지금까지도 해결되지 않고 있습니다.

또 다른 사례도 있습니다. 메콩강은 티벳 고원에서 시작해 중국, 미얀마, 라오스, 캄보디아를 거쳐 흐르는 매우 큰 강입니다. 그런데 중국이 1996년부터 메콩강 상류에 수많은 댐을 세워 물을 중국으로 보내면서 미얀마, 라오스, 캄보디아에 흐르는 강물이 줄었어요. 이로 말미암아 중국과 메콩강 유역 국가들 사이의 긴장감이 높아지고 있습니다. 물 분쟁은 이 외에도 세계 곳곳에서 벌어지고 있습니다.

어떠한 제품을 만드는 데 사용된 물의 총량을 나타낸 지표를 '물 발자국water footprint'이라고 합니다. 커피 한 잔의 물 발자국은 140리터 인데, 여기에는 커피콩을 사서 심고, 키우고, 볶고, 포장하고, 운송하는 등 커피 한 잔을 만드는 모든 과정에 들어간 물이 포함되어 있어요. 사과 한 개의 물 발자국은 210리터, 달걀 한 개는 200리터, 햄버거 한 개는 2,400리터, 면 티셔츠 한 장은 2,700리터, 소고기 1킬로그램은 1만 5,415리터입니다. 이처럼 우리는 물을 마시지 않는 모든 순간에도 물을 사용하고 있어요.

물은 인류의 생존에 꼭 필요한, 한정된 자원입니다. 다른 어떤 것으로도 대체할 수 없어요. 따라서 지속 가능한 미래를 맞이하려면 물 부족 문제를 반드시 해결해야 합니다. 지금부터 깨끗한 식수 얻는 방법을 하나씩 살펴보겠습니다.

땅이 정수한 물, 지하수를 개발하다

물을 얻는 대표적인 방법 가운데 하나는 지하수 개발이에요. 지하수는 땅으로 스며든 빗물과 눈이 오랜 시간에 걸쳐 정수되며 고여서 생긴 물이에요. 매우 깨끗하기 때문에 꺼내서 바로 쓸 수 있습니다. 그리고 시간이 지나면 다시 고여요. 현재 약 20억 명이 지하수를 식수로 이용하고 있습니다.

과테말라의 수도 과테말라시티에서 발생한 거대한 싱크홀.

그러나 지하수는 만들어지기까지 오랜 시간이 걸립니다. 즉 지하수가 만들어지는 속도보다 인간이 소비하는 속도가 빠르면 고갈될 수 있어요. 게다가 지하수를 지나치게 개발하면 싱크홀sinkhole이 생길 수 있습니다. 지하수가 있던 공간이 비면서 땅이 내려앉는 거예요.

바닷물을 이용하는 담수화 기술

미래는 바다 위에서 한참을 표류하다 무인도에 도착했습니다. 목이 너무나 말랐지만 바닷물을 마시면 탈수 증세로 쓰러진다는 말을 들은 적이 있어서 마시지 않았어요. 대신 과학 책에서 봤던 증류 장치를 떠올렸습니다. 미래는 배 안에서 큰 그릇, 작은 그릇, 비닐봉지를 챙겨 나왔습니다. 서둘러 땅에 구덩이를 파고 큰 그릇에 바닷물을 담아 구덩이 안에 넣었어요. 그다음 큰 그릇 안에 작은 그릇을 넣고 입구를 비닐봉지로 덮었습니다. 비닐봉지 위에 찬물을 조금 붓는 것도 잊지 않았지요. 이제 기다리는 일만 남았습니다. 한 시간만 기다리면 쨍쨍한 저 햇빛이 바닷물을 수증기로 만들 것이고, 소금기 빠진 수증기는 다시 물방울로 변해 작은 그릇에 모일 거예요. 미래는 앞으로 무인도에서 살아갈 일이 걱정되었지만 먼저 물부터 마시고 생각하기로 했습니다. 어느덧 한 시간이 지났습니다. 비닐봉지를 열자 작은 그릇에 고인 물이 보였어요. 미래는 감격스러운 기분으로 물을 한 모금 넘겼습니다. 그리고 그 순간, 잠에서 깼습니다.

가장 오래된 담수화 기술, 증발법

바닷물은 평균 염분이 35퍼밀‰로, 1킬로그램당 35그램의 염분이 들어 있습니다. 그래서 마시면 탈수 증세가 나타나요. 바닷물을 마실 수 있는 물로 바꾸려면 염분을 비롯해 물에 녹아 있는 물질을 제거하는 담수화 과정을 거쳐야 합니다. 사람들은 지구에 존재하는 그 많은 바닷물을 식수로 이용하기 위해 염분 없애는 방법을 오래전부터 개발했습니다.

미래가 만든 담수화 장치. 바닷물을 증발시켜 식수를 얻는 증발법입니다. ⓒ 안희원

증발법은 기원전 4세기부터 이용된 것으로 알려진 기술입니다. 바닷물을 증발시켜 수증기로 만든 뒤 그 수증기를 냉각시켜 마시는 방법이에요. 미래가 꿈에서 만든 장치와 같은 원리지요. 오래전 뱃사람들은 항아리에 바닷물을 넣어 끓이고 그 위에 스펀지를 얹어 스펀지에 모아진 물을 마셨다고 합니다. 증발법은 1593년 신대륙을 향해 항해하던 탐험가 리처드 호킨스Richard Hawkins가 이용했다는 기록도 남아 있어요.

세계 최대 규모의 해수 담수화 시설인 사우디아라비아 슈아이바Shuaibah에도 증발법이 쓰이고 있습니다. 슈아이바에는 총 12대의 증발기가 설치되어 있는데, 증발기 한 대당 하루 7만 3,000톤의 담수를 생산해요. 12대를 모두 작동하면 하루 88만 톤의 담수가 만들어집니다. 이는 약 300만 명이 동시에 쓸 수 있는 엄청난 양이에요. 증발법은 사우디아라비아뿐만 아니라 쿠웨이트, 카타르 등 중동에서 널리 쓰이고 있어요.

바닷물을 끓여 수증기로 만들 때는 두 가지 기술이 사용됩니다. 온도는 높이고 압력은 낮추는 거예요. 먼저 바닷물에 높은 열을 가해 물을 끓여 수증기를 만듭니다. 위쪽으로 올라간 수증기는 차가운 해수가 흐르는 파이프와 만나 물로 응결돼요. 시간이 지나면 바닷물의 온도가 점점 낮아지는데, 이때 증발기의 압력을 낮춰 바닷물을 다시 끓입니다. 주변 압력이 낮아지면 끓는점이 내려가기 때문에 물을 끓일 수 있어요.

바닷물을 끓이는 데는 높은 열이 필요한데, 화력 발전이나 핵 발전에서 나오는 폐열로 끓이는 방법을 개발하고 있어요.

반투막을 이용한 역삼투압법

김장 김치를 담가 본 적이 있나요? 배추에 소금을 뿌린 뒤 하룻밤 정도 두면 배추에 있던 물이 빠져나가 소금에 절여집니다. '삼투 현상'이 나타나는 것이지요. 삼투는 묽은 용액과 진한 용액이 세포막과 같은 반투과성 막을 사이에 두고 있을 때 농도가 더 진한 쪽으로 용매가 이동하는 현상입니다. 그리고 이때 반투과성 막에 가해지는 압력을 '삼투압'이라고 합니다.

바닷물과 담수 사이에 반투과성 막을 두면 농도가 낮은 담수에서 농도가 높은 바닷물로 물이 이동합니다. 이때 바닷물에 삼투압보다 큰 압력을 가하면 염류는 반투과성 막을 통과하지 못하기 때문에 물 입자만 담수 쪽으로 이동해요. 이 현상을 '역삼투압'이라고 합니다. 역삼

스페인 바르셀로나의 역삼투압 담수화 공장.

투압법에 사용되는 반투과성 막은 멤브레인membrane 또는 필터filter라고 불리는데, 이는 정수기에도 사용됩니다. 역삼투압법 정수기는 높은 압력을 가해 물속의 중금속, 세균 등을 거르고 물만 통과시켜요.

아랍에미리트의 두바이는 사막 한가운데에 지어진 도시로, 역삼투압법을 이용해 해수를 담수화해요. 근처에 강은 없지만 바다가 있어 바닷물을 끌어다 식수와 생활용수로 만들지요. 이렇게 만든 물로 사막에 나무도 가꿉니다.

그런데 해수를 담수화하고 나면 고농축 해수가 생깁니다. 이 해수는 다시 바다로 버려지는데, 고농축 해수가 해양 생태계에 미치는 영향은 아직까지 정확하게 밝혀지지 않았어요. 부정적인 영향을 끼칠 가능성도 있는 것이지요. 또한 바닷물에 강한 압력을 가하려면 많은 양의 전기를 써야 하므로 결국 에너지 고갈과 환경오염 문제에서 벗어나지 못합니다. 마실 물을 얻기 위해 석유를 소비하는 셈이에요.

생체 모방형 필터

지구 생물 중에는 바다에서 담수화 기술을 사용해 살아가는 식물들이 있습니다. 이를 '염생 식물'이라고 해요. 염생 식물 가운데 하나인 맹그로브mangrove는 뿌리에 나트륨 이온을 여과하는 기능이 있는데, 바닷물 염분의 약 90퍼센트를 여과한다고 해요. 우리나라에서는 포항공과대학교 연구진이 맹그로브의 뿌리를 모방한 필터를 만들어 담수화에 성공하기도 했습니다.

우리 몸 안에서 물이 이동하는 경로를 모방해 만든 담수화 기술도 있습니다. 생물체에는 세포에서 세포로 매우 빠르게 물을 통과시키는 '아쿠아포린aquaporin'이라는 물 수송 단백질이 있는데, 2006년 이를 모방한 탄소나노튜브 필터가 개발되었어요. 기다란 빨대 모양의 탄소나노튜브는 물을 빨아들이는 속성이 있는데, 염류나 중금속과 같이 입자가 큰 물질은 탄소나노튜브를 통과하지 못해 순수한 물을 이동시킬 수 있습니다. 아쿠아포린을 모방한 필터는 지금도 계속 개발되고 있습니다.

전기 없이 깨끗한 물을 만드는 적정 기술

앞서 이야기한 것과 같이 오늘날에는 세계 인구의 3분의 1이 오염된 물을 마시고 있습니다. 그리고 이들은 대개 저개발국에서 살아갑니다.

최근에는 열악한 환경에서 살아가는 소외된 사람들을 위한 물 공급 기술이 적극적으로 개발되고 있어요. 쉽게 구할 수 있는 재료를 이용해 깨끗한 물을 얻는 기술이지요. 이처럼 저개발국의 환경과 문화에 맞춰 개발된 기술을 '적정 기술'이라고 합니다.

라이프스트로로 물을 마시면 세균과 박테리아를 99 퍼센트 제거할 수 있습니다.

생명을 살리는 빨대, 라이프스트로

우리나라의 경우 상하수도 시설에서 여러 번 소독 처리를 한 다음 깨끗한 물을 공급하지만, 아직도 많은 나라는 상하수도 시설이 없어 강물이나 땅에 고인 물을 그냥 마십니다. 덴마크에서 사회적 기업을 운영하는 미켈 베스테르고르 프란센Mikkel Vestergaard Frandsen은 이처럼 오염된 물을 마시고 수인성 질병으로 고통받는 사람들을 위해 휴대용 정수기 라이프스트로lifestraw를 발명했어요. 라이프스트로로 물을 마시면 질병을 일으키는 세균과 박테리아를 99퍼센트 제거할 수 있습니다.

정수는 3단계에 걸쳐 진행돼요. 1단계에서는 섬유 조직의 필터로 이물질을 거르고, 2단계에서는 '요오드'라고도 불리는 아이오딘I을 이용해 세균과 바이러스를 제거합니다. 마지막 3단계에서는 활성탄으로 기생충을 흡착해 깨끗한 물로 만듭니다.

라이프스트로의 값은 약 15달러(약 1만 7,000원)입니다. 이 빨대 하나면 700리터의 물을 정수할 수 있어요. 하루에 1리터씩 마실 경우 무려 2년 동안 이용할 수 있습니다.

햇빛을 이용하는 솔라볼과 워터콘

2010년 당시 오스트레일리아의 대학생 조너선 리우Jonathan Liow는 햇빛을 이용하는 정수 장치인 솔라볼solar ball을 개발했습니다. 공처럼 생긴 솔라볼 안에 오염된 물을 넣고 햇빛으로 증발시키면 위쪽의 투명한 볼에 정수된 물이 고여요. 하루에 3리터까지 정수되니 식수로 이용

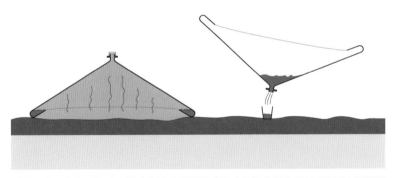

워터콘에 오염된 물을 넣고 햇빛에 두면 증발된 수증기가 안쪽 벽을 타고 내려와 가장자리에 고여요.

하기에도 부족하지 않습니다. 독일에서 개발된 워터콘watercone이라는 장치도 있어요. 원리는 솔라볼과 비슷합니다. 솔라볼과 워터콘은 전기 없이도 작동하고 반영구적이라는 장점이 있지만, 비가 오거나 구름이 많아 햇빛이 강하지 않으면 정수할 수 있는 양이 준다는 한계도 있습니다.

물 절약 시스템, 스마트 워터 그리드

물 부족 문제를 해결하는 가장 좋은 방법은 물을 아껴 쓰는 것입니다. 지금은 상수도 시설에서 물을 정수한 뒤 소비자에게 지속적으로 공급하는데, 물 소비량을 예측해 정수량을 조절하면 낭비되는 물도 줄이고 정수하는 데 드는 에너지도 절약할 수 있습니다. 이처럼 지능적으로 물을 관리하는 체계를 '스마트 워터 그리드smart water grid'라고 해요.

지중해의 작은 섬나라 몰타는 큰 강이 없어 식수를 지하수와 해수 담수에 의존해 왔습니다. 그러다 지하수가 점차 줄어들자 2009년 스마트 워터 그리드를 도입해 관리하고 있어요. 우리나라도 지능형 물 관리 체계SWMI, Smart Water Management Initiative를 개발해 효율적으로 물을 공급하고 있습니다. 한국수자원공사는 2014년 경기도 파주시에서 시범 사업을 시작했어요. 농업용수, 공업용수, 생활용수 등 여러 분야에서 실시간으로 사용되는 물의 양을 파악하고, 공급을 원활히 하며, 사용량이 적을 때는 물을 조금만 생산해 낭비되는 물이 없도록 하고 있습니다.

스마트 워터 그리드를 시행할 때는 주의할 점이 있어요. 네트워크에 기반을 둔 시스템이다 보니 해킹, 악성코드와 같은 사이버 공격에 항상 대비해야 합니다. 특히 물은 생명과 곧바로 연결되기 때문에 더욱 주의해야 해요. 만약 계량기가 악성코드에 감염되어 병원이나 소방서 같은 공공 기관에 물을 공급하지 못하면 인명 피해를 보게 될 것입니다.

8 미래의 식량

식량 위기를
어떻게 해결할까?

경제협력개발기구OECD, Organization for Economic Cooperation and Development의 발표에 의하면 2014년 우리나라의 연간 육류 소비량은 1인당 51.4킬로그램입니다. 15.6킬로그램이던 1986년보다 세 배 이상 늘었어요. 고기 1인분을 150그램으로 치면 한 사람이 1년 동안 342인분의 고기를 먹은 셈입니다. 육류 중에서도 돼지고기(24.4킬로그램)를 가장 많이 먹었고, 다음으로 닭고기(15.4킬로그램)를 많이 먹었습니다. 우리나라 육류 소비량은 경제협력개발기구 평균인 63.4킬로그램보다는 적지만 이웃 나라인 중국(47.0킬로그램), 일본(35.6킬로그램)보다는 많아요.

세계적으로 육류 소비가 계속 늘고 있습니다. 특히 중국, 인도, 브라질, 러시아 등 인구가 많은 나라들의 육류 소비량이 크게 늘었어요. 이처럼 사람들이 점점 더 많은 고기를 먹으면서 다양한 문제가 생기고 있습니다. 그중 가장 큰 문제는 더 많은 가축을 키우기 위해 사료의 주재료인 곡물을 더 많이 소비하고 있다는 것이에요. 지금과 같은 속도로 육류를 소비하면 2050년에는 곡물을 지금의 두 배 이상 생산해야 합니다. 그렇지 않으면 공급량이 소비량을 따라가지 못해 곡물 값이 오를 거예요. 곡물 값이 오르면 곡물로 만든 식품의 값도 오를 것이고, 이는 식생활을 위협하는 재앙이 될 것입니다. 우리나라처럼 식량 자급률이 낮은 나라는 곡물 값이 오르면서 전체 물가가 오르는 애그플레이션agflation이 나타날 수 있어요. 애그플레이션은 '농업agriculture'과 '인플레이션inflation'의 합성어입니다.

첨단 농업 시대를
열다

국제연합은 2050년에 세계 인구가 90억 명을 넘을 것이라고 전망했습니다. 출산율이 낮은 유럽 대륙의 인구는 줄고 아프리카와 아시아 대륙의 인구는 증가할 거라고 해요. 그런데 과연 지구는 90억 인구를 먹여 살릴 수 있을까요? 《인구론》의 저자 토머스 맬서스Thomas Malthus는, 인구는 등비급수적으로 증가하지만 식량은 등차급수적으로 증가한다고 주장했어요. 등비수열은 첫 번째 항에 일정한 수를 곱하는 것으로 1, 2, 4, 8, 16, 32, 64, 128, 256, 512, 1024, 2048, … 이런 식으로 증가합니다. 등차수열은 첫 번째 항에 일정한 수를 더하는 것으로 1, 3, 5, 7, 9, 11, 13, 15, 17, 19, 21, 23, … 이런 식으로 증가해요. 2010년 기준으로 세계 곡물 생산량과 재고량을 합하면 약 29억 톤이고, 전 세계 소비량은 약 25억 톤입니다. 수치만 보면 아직 여유 있어 보이지만 지금도 9억여 명이 굶주림에 시달리고 있어요. 인구가 토머스 맬서스의 예상대로 증가한다면 머지않아 전체 인구 중 소수를 제외한 대부분의 사람이 굶주림에 시달릴 것입니다. 이것이 바로 미래 식량 기술을 개발해야 하는 이유예요.

수직형 식물 공장, 버티컬 팜

1999년 콜롬비아대학교의 딕슨 데스포미어Dickson Despommier 교수는

다단식 수경 재배 체계인 버티크롭. 식물을 재배기에 심은 뒤 여러 개의 단으로 쌓아 올려 공간을 효율적으로 활용합니다.

식량난을 해결하기 위한 방법으로 빌딩형 식물 공장 버티컬 팜Vertical farm을 제안했습니다. 빌딩 전체를 농장으로 만들고 발광다이오드 빛으로 식물을 재배하는 방식이에요. 이때 쓰이는 전기 에너지는 태양광 발전으로 만듭니다. 딕슨 교수는 48층짜리 빌딩에서 농사를 지을 경우 5만 명분의 채소를 생산할 수 있다고 주장합니다.

버티컬 팜은 필요한 에너지를 자급자족할 뿐만 아니라 식물을 1년 내내 재배할 수 있고 생산성이 높다는 장점이 있습니다. 우리나라도 경기도 수원시 농촌진흥청 국립과학원에서 식물 공장 연구동을 운영하며 기술을 개발하고 있습니다.

캐나다 밴쿠버의 밸센트 프로덕트Valcent Products사는 다단식 수경 재배 체계인 버티크롭VertiCrop을 개발했습니다. 버티크롭은 식물을 재배기에 심고 8~16단까지 쌓아 올린 뒤 태양광에 적절히 노출되도록 회전시키는 방식이에요. 주로 배추, 상추, 시금치와 같은 잎채소와 허브 등을 재배합니다. 이 농장은 태양광, 풍력 등 신재생 에너지로 운영되고, 이산화탄소를 배출하지 않습니다. 물은 기존 농장의 5퍼센트 정도만 사용해요. 그럼에도 땅에서 재배할 때보다 생산량이 20배 정도 많습니다. 가뭄이나 홍수 때문에 농사를 망칠 일도 없지요. 게다가 넓은 경작지가 필요 없어 도심 한가운데서도 농사를 지을 수 있습니다. 다만 이러한 수직 농장을 짓는 데는 많은 비용이 든다는 결정적인 단점이 있어요.

발광다이오드 식물 공장

외부와 차단된 패쇄적인 환경에서 발광다이오드를 이용해 식물을 재배하는 발광다이오드 식물 공장도 개발되고 있습니다. 광합성에 필요한 파장은 엽록소에서 흡수하는 450나노미터의 푸른색과 660나노미터의 붉은색인데, 이에 해당하는 붉은색 발광다이오드와 푸른색 발광다이오드를 적절히 활용하면 광합성 작용을 촉진할 수 있어요. 발광다이오드의 세기를 조절해 식물의 생장 호르몬 분비를 촉진할 수도 있지요. 결과적으로 식물의 생산량과 품질을 높일 수 있습니다.

발광다이오드 식물 공장은 우리나라에서도 미래의 농업 방식으로 많은 관심을 받고 있습니다. 패쇄적인 공간에서 이루어지는 만큼 쉽게 오염되지 않고, 흙이 아닌 물에서 재배하기 때문에 병충해가 없습니

식물의 성장을 촉진시키는 붉은색 발광다이오드 패널.

다. 농약 없이 식물을 재배할 수 있지요. 또한 온도, 습도, 이산화탄소, 수소 이온 농도㎨, 빛의 양 등을 조절할 수 있어서 계절과 관계없이 언제나 신선한 채소를 기를 수 있습니다.

농업과 정보통신을 융합한 스마트 팜

작물이나 가축의 생육 환경을 원격으로 자동 관리하는 혁신 농장을 '스마트 팜smart farm'이라고 합니다. 농업과 정보통신을 융합한 기술이에요. 노동 인구 및 농지의 감소와 기후 변화에 대비하는 차세대 농업 기술로 주목받고 있습니다.

스마트 팜은 각종 감지 장치를 이용해 농축산물이 자라는 과정을 파악하고 온도, 습도, 이산화탄소 등을 측정해 최적의 환경을 조성합니다. 최근에는 네트워크, 분석 소프트웨어, 스마트 기기와의 연계도 강화되고 있습니다. 로봇과 드론을 이용해 실시간으로 농장을 관리하는 기술이 상용화되기도 했어요.

세계 스마트 팜 시장은 연평균 13.3퍼센트의 성장률을 보이고 있습니다. 미국, 일본, 유럽연합 등은 스마트 팜을 적극적으로 육성하면서 '스마트 농업 전쟁'을 일으키고 있어요. 구글은 토양과 작물에 대한 자료를 수집하고 비료와 농약을 효율적으로 쓰는 인공지능 지원 기술도 개발하고 있습니다. 유럽연합은 회원국들의 연구 협력 네트워크를 강화하고 농업 분야의 정보통신과 로봇 기술의 연구개발 효과를 높이기 위해 노력하고 있습니다.

우리나라는 스마트 팜 면적을 2016년 2,235만 제곱미터에서 2020년 5,945만 제곱미터로 넓히고 생산성도 27퍼센트에서 40퍼센트로 높일 계획을 세웠습니다. 신기술 전문 인력을 양성하고 스마트 팜을 확산시키기 위해 적극적으로 나서고 있어요. 특히 이동통신사와 협력해 스마트 팜에 사물인터넷 전용망을 구축하고 전용 솔루션을 공급하기 위해 노력하고 있습니다.

가축을 대신할
고기를 만들다

2050년, 미래는 친구들과 동물원 구경에 나섰습니다. 호랑이가 있는 맹수관을 관람한 뒤 조류관으로 향했어요. 그곳에서 닭이라는 새를 처음 보았습니다. 미래가 가장 좋아하는 배달 음식은 치킨이지만 살아 있는 닭을 본 건 처음이었어요. 요즘은 예전처럼 양계장에서 닭을 사육하지 않기 때문이에요. 대신 실험실에서 위생적으로 '배양육'을 만들어 제공합니다. 닭은 참 늠름하고 울음소리도 우렁찼습니다. 미래는 이왕 동물원에 온 김에 소도 봐야겠다고 생각했습니다. 즐겨 먹는 햄버거 패티의 소고기도 모두 배양육이다 보니 소를 볼 수 있는 곳은 동물원밖에 없거든요.

친환경적인 배양육

1932년 영국의 전 총리 윈스턴 처칠Winston Churchill은 그의 책《50년 후의 세계The World in 50 Years》에서 "50년 후에는 닭의 가슴살이나 날개만을 먹기 위해 닭을 기르지 않아도 될 것이다. 대신 우리는 적절한 조건에서 닭의 한 부위만 별도로 배양할 수 있는 능력을 가지게 될 것이다."라고 했어요. 그리고 1999년 네덜란드의 빌렘 반 엘런Willem van Eelen 박사가 배양육에 관한 이론으로 국제 특허를 획득했습니다.

배양육이란 동물의 세포를 이용해 만든 고기로, 시험관 육류in-vitro meat라고도 불립니다. 배양육을 만드는 과정은 다음과 같아요. 먼저 돼지, 소 등 동물의 근육에서 근육 성장에 관여하는 줄기세포를 추출합니다. 그리고 아미노산, 탄수화물 등 필수 영양소가 함유된 물에 줄기세포를 담가 배양해요. 그러면 보통 근육 세포 1개에서 1조 개 정도의 세포가 만들어집니다.

배양육을 만드는 데 필요한 면적은 동물을 사육하는 데 드는 면적의 1퍼센트입니다. 물은 4퍼센트만 있으면 돼요. 온실 가스도 기존의 4퍼센트밖에 배출하지 않기 때문에 친환경적입니다.

2013년 네덜란드의 마르크 포스트Mark Post 교수는 배양육으로 햄버거를 만들어 시식회를 열었습니다. 3개월 동안 키운 4,000만 개의 세포로 이루어진 배양육을 패티로 만들었어요. 맛을 본 사람들은 육즙이 적고 지방이 없어서 가축의 고기와 맛이 다르다고 평가했습니다. 당시 만들어진 배양육은 100퍼센트 근육 세포로 이루어져서 맛이 좀 떨어졌지만, 지방 세포 만드는 기술을 더하면 좋은 품질의 배양육을

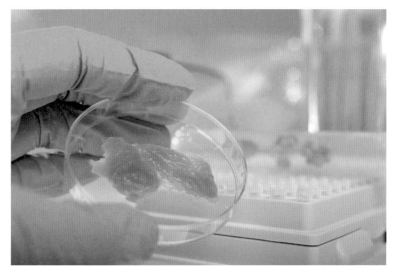
배양육은 근육 줄기세포를 배양해 만든 인공 고기입니다. 위생적이고 친환경적이지만 만드는 데 많은 비용이 듭니다.

만들 수 있을 거예요.

줄기세포를 이용해 고기를 만드는 이 방식은 가축을 사육하는 것보다 위생적이고 사료로 쓰이는 곡물을 아낄 수 있다는 장점이 있습니다. 그러나 아직은 비용이 너무 많이 들어서 상용화하기 어려워요. 2013년 시식회 당시 햄버거 패티를 만드는 데는 무려 25만 유로(약 3억 원)가 들었습니다. 연구가 계속되면서 비용이 내려가고 있기는 하지만 여전히 비싸기 때문에 당장은 배양육을 일상적으로 먹기 힘들어요.

2017년 미국의 바이오 기업 멤피스 미츠Memphis Meats는 인공 치킨인 클린 미트clean meat를 출시했습니다. 맛 감별사들을 초대해 인공 닭고기로 만든 요리를 대접했는데, 실제 닭고기와 매우 비슷하다는 평가를 받았어요. 그러나 역시 연구비가 많이 들었습니다. 인공 닭고기 약 450그램을 얻는 데 1,000만 원 정도가 들었다고 해요. 멤피스 미츠는 2021년 인공 닭고기 상용화를 목표로 계속 연구를 이어 나갈 것이라 밝혔습니다.

널리 이용되는 콩고기

콩으로 만든 고기인 콩고기는 이미 많은 사람이 먹고 있어요. 우리나라에서도 단백질 함량이 높은 메주콩을 이용해 만든 콩고기가 판매되고 있습니다. 그러나 아직까지는 채식에 관심 있는 사람들이 주로 이용하는 단계로, 보편화되지는 않았어요. 그 밖에 콩에서 추출한 단백질을 이용해 인공 달걀, 마요네즈를 만드는 기술도 상품화 단계에 이르렀습니다.

새로운 식재료를
찾아내다

5월 22일은 국제연합이 정한 '세계 생물 다양성의 날'입니다. 산, 강, 습지대와 같은 서식 환경의 다양성부터 생물종과 유전자의 다양성까지, 생물의 다양성을 확장시키려는 목적으로 만들어졌어요. 그렇다면 왜 이러한 노력이 필요할까요? 생물의 다양성이 확보되어야 곡물도 병충해를 이겨 낼 수 있고, 식량 자원의 안정성도 보장받을 수 있기 때문이에요. 오늘날 식재료로 가장 많이 쓰이는 벼와 밀, 육류에서 벗어나 다양한 식재료를 개발해야 합니다.

영양소가 풍부한 곤충

영화 〈설국열차〉에서 꼬리 칸 사람들의 주식으로 나오는 단백질 블록은 개봉 당시 큰 화제가 되었어요. 단백질 블록의 재료가 많은 사람이 혐오하는 바퀴벌레였거든요. 그런데 바퀴벌레도 제대로 가공하면 훌륭한 식품이 될 수 있다고 생각하는 이들도 있습니다.

국제연합식량농업기구FAO,Food and Agricultural Organization는 2050년 세계 인구가 90억 명이 되면 지금의 두 배에 이르는 식량이 필요하다며 곤충을 식재료로 제시했어요. 곤충은 단백질, 칼슘, 비타민, 철, 아연 등 영양소가 풍부합니다. 곡물과 육류를 생산하기 위해 경작지와 목초지를 개발하면 자연이 훼손되지만 곤충 사육은 친환경적이에요. 또한 인간과는 다른 면역 체계를 갖추고 있어서 인간에게 옮기는 전염병도 거의 없습니다.

2013년 미국 뉴욕의 한 레스토랑은 소고기 대신 귀뚜라미를 주재료로 만든 귀뚜라미 버거를 내놓았습니다. 말린 귀뚜라미를 튀겨 빵 사이에 끼우고 채소와 치즈와 소스를 넣어 만들었어요. 이 버거는 의외로 좋은 반응을 얻어 하루에 100여 개씩 팔려 나갔습니다. 우리나라에서도 곤충을 식재료로 활용하려는 움직임이 활발해지고 있습니다.

2014년 식품의약품안전처가 밀웜mealworm(갈색거저리 애벌레)을 식품원료로 승인했어요.

그런데 곤충을 대체 식량으로 이용하는 데는 크게 두 가지 문제가 있습니다. 일단 곤충은 크기가 워낙 작아서 영양소를 충분히 섭취하려면 한꺼번에 많은 양을 먹어야 하는데 지금의 기술력으로는 대량 교배나 사육이 어려워요. 그보다 큰 문제는 사람들이 곤충에 대해 가지고 있는 강한 혐오감입니다. 이를 극복하려면 다양한 요리법을 개발해야 해요.

생존력 강한 곡물, 옥수수

영화 〈인터스텔라〉에서 인간은 극심한 환경 파괴로 식량이 부족해지자 다시 농업 사회를 이루고 지구에서 유일하게 살아남은 곡식인 옥수수를 재배합니다. 이는 현실성이 있는 이야기예요. 실제로 옥수수는 생존력이 굉장히 높습니다. 추위와 가뭄에 강하고, 생육 기간도 짧아 4개월이면 수확할 수 있습니다.

오늘날 옥수수는 쌀보다 많은 양이 생산되고 있어요. 옥수수 총 생산량의 절반이 넘는 10억 톤 이상을 미국과 중국이 생산하고, 브라질과 우크라이나 등에서도 많은 양을 생산합니다. 그런데 인간이 먹는 옥수수의 양은 그다지 많지 않아요. 대부분의 옥수수가 가축의 사료로 사용되기 때문이에요. '사료의 왕'이라고 불리는 옥수수에는 가축에 필요한 영양소가 많이 들어 있고, 열량도 높습니다. 우리나라도 연간

옥수수는 생존력도 강하고 영양소도 풍부합니다. 오늘날에는 대부분 가축의 사료로 소비되고 있습니다.

1,000만 톤 정도의 옥수수를 사료용으로 수입하고 있어요.

이처럼 옥수수는 생산량이 많고 열량이 높다 보니 바이오 디젤 연료로 개발되기도 합니다. 그러나 수많은 사람이 굶어 죽고 있는 상황에서 곡식을 연료로 활용하는 것은 비윤리적이라고 지적하는 목소리도 큽니다.

논란이 많은 유전자 변형 농산물

유전자 변형 농산물GMO,Genetically Modified Organism도 미래의 식량으로 꼽힙니다. 작물의 생산성과 효율성을 높이기 위해 유전자를 인위적으로 조합해 만든 것으로, 자연의 순리대로 품종을 개발하는 육종과 달리 필요한 유전자만 떼어 다른 생물체에 삽입해 새로운 품종을 만드는 기술이에요. 판매가 허용된 최초의 유전자 변형 농산물은 1994년 미국 칼진Calgene사가 개발한 토마토로, 숙성 과정에서 물러지는 토마토의 단점을 보완해 수확한 뒤에도 오랜 기간 단단한 상태를 유지하도록 변형되었습니다.

유전자 변형 농산물에 대해서는 찬반 논쟁이 뜨겁습니다. 찬성하는 사람들은 농산물의 신선도가 오래 유지되고 영양 성분이 많다는 점을 근거로 들어요. 병충해와 환경의 변화에 강하므로 대량 생산이 가능하다는 점도 강조합니다. 반대하는 사람들은 유전자 변형 농산물이 알레르기를 유발한다는 점과 위험성이 검증되지 않았다는 점을 짚습니다. 또 동물 유전자를 식물 유전자에 집어넣는 등 종의 구분을 없애 생태계를 파괴한다고 지적해요.

식량 위기와
식량 자급률

사료용 소비를 포함한 국내 곡물 소비량 대비 생산량 비율을 '곡물 자급률'이라 하고, 사료용 소비를 제외한 국내 곡물 소비량 대비 생산량 비율을 '식량 자급률'이라고 합니다. 식량 자급률이 100퍼센트라는 것은 그 나라에서 소비하는 식량의 100퍼센트를 그 나라에서 생산한다는 뜻이에요. 식량 자급률이 높으면 국제 정세나 자연 환경의 변화에도 안정적으로 대처할 수 있습니다. 미국, 영국 등은 곡물 자급률이 100퍼센트에 가깝습니다. 프랑스의 곡물 자급률은 무려 329퍼센트 정도라고 해요.

2014년 기준 우리나라의 식량 자급률은 49.8퍼센트, 곡물 자급률은 24퍼센트입니다. 경제협력개발기구 30개 국가 중 26위예요. 곡물 자급률의 약 95퍼센트는 쌀이고, 밀 자급률은 0.2퍼센트, 옥수수 자급률은 0.7퍼센트입니다. 쌀을 제외한 곡물 대부분을 수입하고 있는 상황입니다. 게다가 2015년 쌀 시장이 개방되어 앞으로 쌀 자급률도 낮아질 가능성이 큽니다. 가난한 나라 아이티는 부유한 나라 미국에서 수입한 쌀에 의존하고 있습니다. 불과 30여 년 전에는 자급자족했지만 세계화 바람이 불어 값싼 수입 쌀이 밀려오면서 현지 쌀이 경쟁력을 잃었어요.

식량 문제는 우리와 먼 이야기로 느껴질 수 있습니다. 하지만 '식량을 얻는 자가 세상을 얻는다'는 말이 있을 정도로 식량 자급의 문제는 중요합니다. 수입 곡물을 싸게 들이면 지금 당장은 소비자의 생활이 개선되는 것처럼 보일 수 있지만, 아무런 대비 없이 수입 곡물에 의존하다 보면 머지않은 미래에 소박한 밥 한 그릇도 비싼 값을 치러야만 먹을 수 있는 날이 올 거예요.

9 환경 제도

지속 가능한
세계는 가능할까?

기후 변화를 다룬 〈투모로우〉라는 영화가 있어요. 영화에 등장하는 기상학자 잭은 남극의 빙하를 연구하던 중 지구 온난화로 빙하가 녹고 해류의 흐름이 바뀌고 있다는 걸 알게 됩니다. 그리고 머지않은 미래에 빙하기가 찾아올 거라고 예측합니다. 사람들은 말도 안 되는 억지라며 비웃지만, 얼마 뒤 실제로 극지방의 빙하가 녹으며 빙하기가 찾아옵니다.

극지방의 빙하가 녹으면 바닷물의 농도가 낮아지면서 해류의 순환을 방해해요. 해류가 약해지면 저위도 지역의 남는 에너지가 고위도 지역으로 이동하는 양이 줄어들면서 위도에 따른 기온의 차이가 심해집니다. 적도 지역은 기온이 올라가면서 해수의 온도도 올라가고 강한 상승 기류가 생겨요. 여기에 해류가 제대로 순환하지 못해 난류가 정체되면서 열에너지와 수증기가 모이면 상상할 수 없는 크기의 거대 폭풍이 생깁니다. 거대 폭풍은 상승한 에너지를 바탕으로 중·고위도 지역까지 북상하면서 거대한 눈보라를 만들어요. 태풍의 눈은 하강 기류가 생기는 지점으로, 온도가 낮은 위쪽 공기를 끌어내리며 급속도로 지표면의 온도를 낮춰 빙하기를 가속시켜요. 〈투모로우〉의 주요 배경 가운데 하나인 뉴욕은 미국의 동북쪽이어서 빙하기가 닥쳤을 때 순식간에 사방이 얼음으로 뒤덮이는 대표적인 지역입니다.

영화에는 빙하기가 닥친 뉴욕에서 살아남기 위해 고군분투하는 다양한 사람의 모습이 흥미롭게 그려져 있습니다. 그래서 관객은 영화를 보는 내내 과연 지구에 빙하기가 다시 올지, 어떤 원인으로 오게 될지, 만약에 빙하기가 온다면 살아남을 수 있을지 등 다양한 상상을 하게

킬리만자로의 만년설은 기후 변화로 점차 사라지고 있습니다.

됩니다.

세계기상기구WMO,World Meteorological Organization에 따르면 2017년 1월 북극해 얼음 면적은 1,338만 제곱킬로미터로, 2016년 1월보다 26만 제곱킬로미터 줄었어요. 1년 만에 한반도보다 더 넓은 면적의 얼음이 사라진 거예요. 세계적인 관광 명소로 유명한 남태평양의 투발루는 평균 해발 고도가 3미터 정도이고 가장 높은 부분은 4미터 정도인데, 지구 온난화로 해수면이 점점 높아지면서 9개의 섬 중에 2개가 물에 잠겼고 나머지 섬도 점점 잠기고 있습니다. 거기다 지하수까지 바닷물에 오염되어 식수 부족 문제도 겪고 있어요. 아프리카 대륙의 유일한 눈, 킬리만자로 꼭대기의 만년설도 지구 온난화로 빠르게 사라지고 있습니다. 우리나라의 경우 바닷물의 온도가 오르면서 많은 물고기가 기생

충에 감염되고 있어요. 아열대 지역에 사는 커다란 해파리가 남해안에서 나타나기도 합니다. 이처럼 오늘날 지구 곳곳에서는 이상 기후 현상이 나타나고 있습니다.

지구 생명체를 지키는 온실 효과

지구 온난화를 이야기할 때면 등장하는 '온실 효과'라는 단어는 부정적인 의미로 많이 사용됩니다. 하지만 온실 효과는 지구에 생명체가 살아갈 수 있도록 적당한 온도를 만들어 주는, 너무나도 고마운 자연현상입니다.

만약 지구에 대기가 없어서 온실 효과가 발생하지 않으면 어떤 일이 일어날까요? 대기가 없는 달과 비교하면 쉽게 알 수 있어요. 달의 적도 지역은 낮 최고 기온이 영상 120도이고 밤 최저 기온이 영하 170도 정도입니다. 일교차가 매우 크지요. 지구의 일교차가 적당하게 유지되는 것은 바로 대기의 온실 효과 덕분입니다.

온실 효과란 행성 표면에서 나오는 복사 에너지가 대기권 밖으로 나가지 못하고 흡수되어 기온이 오르는 현상입니다. 온실 효과 개념을 가장 먼저 밝힌 사람은 프랑스의 수학자 장 바티스트 조제프 푸리에 Jean Baptiste Joseph Fourier 입니다. 19세기 초 푸리에는 '지구는 태양 에너지를 끊임없이 받는데 왜 일정한 온도 이상으로는 오르지 않을까?'라

행성 표면에서 나오는 복사 에너지가 대기권 밖으로 나가지 못하고 흡수되어 기온이 오르는 현상을 온실 효과라고 합니다.

는 문제에 대해 고민했어요. 그리고 연구에 몰두한 끝에 '복사radiation'라는 답을 얻습니다. 복사란 매질(파동을 전달하는 매개물)을 통하지 않고 열을 직접 전달하는 현상이에요. 온도와 관계없이 모든 물체는 복사 방식으로 에너지를 방출합니다. 지구 역시 태양 복사 에너지를 받은 만큼 지구 복사 에너지를 방출하기 때문에 평균 기온이 유지되는 것이지요.

지구에 도달한 태양 복사 에너지를 100퍼센트라고 할 때 대기와 지표에서 반사되는 양이 30퍼센트이고, 대기가 흡수하는 양이 20퍼센트입니다. 대기를 통과한 나머지 50퍼센트는 지표가 흡수해요. 태양과 지구는 표면 온도가 다르기 때문에 복사 에너지의 파장도 다릅니다. 지표면에 도달하는 태양 복사 에너지는 파장이 0.5마이크로미터 정도의 가시광선에서 최댓값을 나타내고, 지표면에서 방출되는 지구 복사 에너지는 파장이 10마이크로미터 정도의 적외선 영역에서 최댓값을 나타냅니다. 지구는 파장이 짧은 태양 복사 에너지를 흡수한 뒤 파장이 긴 지구 복사 에너지를 방출해요. 이 과정에서 지구 대기에 포함된 온실 가스가 지구 복사 에너지의 90퍼센트 정도를 흡수합니다. 온실 가스는 흡수한 지구 복사 에너지를 사방으로 재방출하면서 지표와 대기로 되돌아갑니다. 지구 복사 에너지가 온실 가스 때문에 대기 안에 갇히는 것입니다.

지구 온난화의 주범,
온실 가스

온실 가스와 관련된 최초의 실험은 '틴들 현상'으로 유명한 존 틴들John Tyndall에 의해 1860년대에 이루어졌어요. 틴들은 대기 온도에 영향을 줄 것으로 예상되는 질소N, 산소, 수증기, 이산화탄소, 오존O_3, 메테인 등의 적외선 흡수량을 측정했어요. 기체관을 통과한 적외선을 감지기로 보낸 뒤에 발생한 온도차를 전류로 전환했습니다. 이를 통해 틴들은 대기의 많은 양을 차지하는 질소나 산소가 아니라 수증기와 메테인, 오존, 이산화탄소 등이 온실 효과에 영향을 준다는 것을 알아냈습니다.

이산화탄소

지구 온난화의 주범으로 지목되는 대표적인 온실 가스는 이산화탄소입니다. 그래서 많은 사람이 대기에 포함된 이산화탄소를 줄이기 위해 노력하고 있어요. 하지만 정작 이산화탄소 입장에서는 조금 억울한 면도 있어요. 이산화탄소의 양이 많아지면서 지구 온난화에 영향을 주고 있는 것은 맞지만, 온실 효과를 높이는 더 큰 요인은 수증기이기 때문이에요.

대기의 성분을 살펴보면, 질소 75.5퍼센트, 산소 23.1퍼센트, 아르곤 1.3퍼센트, 이산화탄소 0.05퍼센트, 기타 0.05퍼센트의 부피비를 이루고 있습니다. 이산화탄소의 비율이 매우 낮아요. 반면에 수증기는 이산화탄소보다 많은 3퍼센트 정도를 차지하고 있습니다. 다만 수증기의 농도는 지역과 날씨의 영향을 많이 받기 때문에 상대 습도로 나타냅니다.

수증기

극성 분자인 수증기는 무극성 분자인 이산화탄소보다 적외선 영역의 에너지를 더 잘 흡수합니다. 따라서 온실 효과에 가장 큰 영향을 미치는 기체는 수증기예요. 무려 온실 효과 원인의 36~70퍼센트를 차지하고 있습니다.

수증기에 따른 온실 효과의 대표적인 예는 한여름 밤의 열대야 현상입니다. 장마철이 지난 뒤 고온다습한 북태평양 기단의 영향을 받으면서 늘어난 수증기가 지구 복사 에너지를 더 많이 흡수해 밤에도 기온이 안 떨어지는 거예요.

수증기는 구름이 되어서도 온실 효과에 영향을 줍니다. 하지만 구름 상태에서는 태양 복사 에너지를 차단하는 효과도 있기 때문에 지구 온난화에 미치는 영향을 정확하게 분석하기 어려워요. 다만 우리나라의 경우 계절별 구름이 온도에 미치는 영향을 보면 겨울에는 구름 낀 날이 더 따뜻하고, 여름에는 구름 낀 날이 더 시원합니다.

메테인

온실 가스 중에는 같은 농도의 이산화탄소보다 21배 강한 온실 효과를 내는 메테인이 있어요(그럼에도 흔히 지구 온난화의 주범으로 이산화탄소가 지목되는 이유는 산업화가 진행되면서 이산화탄소의 양이 급격히 늘었기 때문이에요). 메테인은 유기물이 미생물에 의해 분해될 때 만들어지는데, 주로 비료, 쓰레기 더미 등에서 배출됩니다. 초식 동물과 곤충이 음식물을 소화할 때도 꽤 많은 양이 배출되지요. 수많은 쓰레기를 만들고 점점 더 많은 소와 양을 사육하는 등 인간의 활동이 늘어남에 따라 메테인 배출량은 더욱 늘고 있습니다.

기후 변화를
막기 위한 노력

기후 변화에 대한 국제적인 관심이 높아지면서 1992년 6월 브라질 리우데자네이루 세계환경정상회에서 '기후 변화에 관한 국제연합 기본 협약UNFCCC, United Nations Framework Convention on Climate Change'이 채택되었습니다. 1994년 발효되어 현재 유럽연합을 포함한 192개국이 가입한 상태예요. 협약에 따르면 각 국가는 기후 변화 방지 전략과 계획을 수립하고 시행해야 합니다. 특히 선진국은 2000년까지 온실 가스 배출량을 1990년 수준으로 줄이도록 노력하되 감축 목표는 제3차 당사국 총회에서 보고하도록 규정하고 있어요.

교토 의정서

기후 변화에 관한 국제연합 기본 협약의 구체적인 실행 방안을 정리해 놓은 것이 교토 의정서입니다. 각 국가가 줄여야 하는 온실 가스는 총 6가지로, 이산화탄소, 메테인, 아산화질소N_2O, 과불화탄소$PFCs$, 수소화불화탄소$HFCs$, 육불화황SF_6입니다. 2009년 우리나라는 교토 의정서에 따른 온실 가스 의무 감축국이 아닌데도 2020년 감축 목표를 발표해 국제 사회에서 기후 변화 대응의 모범으로 꼽혔습니다. 이때 우리나라는 2020년 온실 가스 배출 전망치$BAU, Business As Usual$(감축 조치를 취하지 않을 경우 배출될 것으로 예상되는 온실 가스 발생량)의 30퍼센트를 줄이겠다고 발표했어요. 이후 2015년 프랑스 파리에서 개최한 제21차 국제연합 기후변화 협약 당사국 총회 정상 회의에서는 2030년 온실 가스 배출 전망치 대비 37퍼센트를 감축하겠다고 발표했어요. 하지만 이 목표는 결과적으로 2009년 발표한 감축 목표보다 줄어든 것이라는 논란이 일면서 후퇴 금지 원칙(기후 행동에 관한 결정문 10조에 해당하는 모든 당사국은 현재 진행 중인 계획보다 진전된 안을 제안해야 한다는 내용)에 위반된다는 비판을 받기도 했습니다.

파리 협정

2020년 만료되는 교토 의정서를 대체할 신 기후 체제는 파리 협정입니다. 파리 협정은 선진국들의 선도적인 역할을 강조하면서도 모든 국가가 기후 변화 대응에 참여해야 한다고 선언했어요. 195개국 모두 온실 가스 감축에 동참하기로 한 최초의 세계적 기후 협정이지요.

파리 협정은 산업화 이전 대비 지구 기온의 상승폭을 2도보다 훨씬 낮게 유지하고, 1.5도 이하로 제한하기 위해 노력하는 것을 국제 사회의 공동 장기 목표로 잡았어요. 현재 지구 온도는 산업화가 진행되기 이전보다 1도 정도 상승한 상태인데, 과학자들은 지구 온도가 2도 이상 오를 경우 해빙이 가속화되어 기후 예측과 제어가 불가능해질 것이라고 전망하고 있어요.

선진국과 개발도상국은 의무 감축량에 대해 많은 논쟁을 벌였어요. 개발도상국은 오랜 시간 온실 가스를 배출해 오고 있는 선진국의 역사적 책임을 물어 교토 의정서와 같이 선진국이 의무 감축국이 되어야 한다고 주장했어요. 반면에 선진국은 개발도상국의 발전 속도가 점점 빨라지면서 온실 가스 배출량이 늘어나고 있기 때문에 개발도상국도 의무 감축국이 되어야 한다고 주장했습니다. 결국 선진국은 과거 대비 얼마를 줄이겠다고 제시하는 절대량 방식을 유지하고, 개발도상국은 국가별 여건을 고려해 각 부문이 아니라 경제 전반에 걸친 감축 목표를 세워 나가도록 했습니다.

그런데 파리 협정은 모든 국가가 2015년 자발적으로 제출한 감축 목표를 모두 달성해도 지구의 온도가 2도만큼 떨어지지 않는다는 문제가 있습니다. 그래서 파리 협정을 두고 '실효성 없는 말잔치'라는 비판도 많아요. 미국 항공우주국 소장 출신의 세계적인 기상학자 제임스 한센James Hansen은 파리 협정에 대해 "아무런 행동 없는 의미 없는 말과 약속들일 뿐"이라고 혹평했습니다. 그는 "화석 연료가 가장 싼 에너지인 한 소비를 멈출 수 없을 것이고, 온실 가스 배출에 세금을 도입하는 것만이 온실 가스를 줄일 수 있다"고 주장했습니다.

탄소 배출권 거래제

탄소 배출권이란 정부가 각 기업에 1년 동안 배출할 수 있는 온실 가스의 양을 정해 그만큼만 배출하도록 규정한 것이고, 탄소 배출권 거래제는 기업이 탄소 배출권을 다른 기업과 거래할 수 있도록 한 제도입니다. 기업은 온실 가스를 줄이는 데 많은 비용이 들 경우 배출권을 구입하는 방식으로 비용을 줄일 수 있어요.

2005년 탄소 배출권 거래제를 시작한 유럽연합은 1기(2005~2007년), 2기(2008~2012년)를 거쳐 현재 3기(2013~2020년)를 운영하고 있어요. 탄소 배출권 거래제는 온실 가스 배출량을 줄이면서 국내 총생산GDP, Gross Domestic Product을 높이는 성과를 내기도 했지만, 1기는 배출권을 과잉 공급해 배출권 가격이 거의 0으로 떨어지기도 했어요. 2기는 남은 배출권을 다음 단계로 넘기도록 했는데, 넘어간 배출권이 3기의 목표치를 채울 만큼 많아서 문제가 되기도 했습니다.

우리나라도 2012년 5월 '온실 가스 배출권의 할당 및 거래에 관한 법률'을 제정하고 2015년부터 시행했습니다. 연간 온실 가스 배출량이 12만 5,000톤 이상인 기업과 2만 5,000톤 이상인 사업장은 의무적으로 참여해야 해요. 2015년 당시 기업들은 환경부에서 배정한 온실 가스 배출량 15억 9,800만 톤이 너무 적다고 비판하며 반발하기도 했습니다. 이처럼 온실 가스 배출권 공급량을 적정 수준으로 예측하는 것은 결코 쉬운 일이 아니에요. 모든 나라가 함께해야만 참여하는 나라의 기업이 타격을 입지 않는다는 문제도 있습니다. 하지만 강압적으로 규제하지 않고 시장 경제에 따라 거래하게 함으로써 기업의 자발적 노력을 이끌어 낸다는 장점이 있습니다.

일회용품 줄이기

수업 시간에 학생들에게 온실 가스를 줄이는 방법을 물어보면 "방귀를 뀌지 않으면 됩니다." "우리 반에 주범이 있어요!"라는 대답이 나오곤 해요. 그런데 과연 방귀가 온실 가스 증가에 영향을 줄까요? 방귀의 성분은 산소, 수소, 이산화탄소, 메테인, 질소 기체가 주를 이루고, 섭취한 음식에 따라 냄새가 나게 하는 지방산과 유황 가스가 포함되어 있어요. 다양한 온실 가스가 포함되어 있는 것이지요. 하지만 온실 가스를 줄이겠다며 방귀까지 규제할 수는 없습니다.

  방귀를 참는 것보다 일회용 컵을 덜 사용하는 것이 온실 가스를 줄이는 데 효과적입니다. 하루에 얼마나 많은 일회용 컵을 사용하고 있는지 한번 생각해 보세요. 우리나라는 매년 일회용 컵 사용량이 꾸준히 증가해 연간 120억 개에 이르고, 이것이 배출하는 이산화탄소는 13만 2,000톤이나 돼요. 프랑스는 '녹색 성장을 위한 에너지 전환에 관한 법률'에 따라 2016년 7월 50마이크로미터 이하 두께로 제작된 일회용 비닐의 사용을 금지했습니다. 그리고 2020년부터 바이오 플라스틱이

개인 컵을 사용하는 작은 습관만으로도 지구 온난화를 막는 데 큰 역할을 할 수 있습니다.

나 자연 분해되는 플라스틱을 제외한 모든 일회용 플라스틱 컵, 접시, 포크, 숟가락 등의 사용을 금지하기로 했습니다. 이로써 프랑스는 일회용 비닐과 일회용 플라스틱 제품 사용을 전면 금지한 최초의 나라가 되었어요.

지속 가능한 지구를 위해서는 각 나라의 정부와 기업이 앞장서서 친환경적인 제도와 문화를 만들어 나가야 합니다. 그러나 개인의 노력도 반드시 뒷받침되어야 해요. 변화는 작은 행동에서 시작됩니다. 조금 더 관심을 가지고 하나씩 실천하다 보면 더 나은 세상으로 바뀌는 모습을 볼 수 있을 거예요. 여러분은 미래의 지구가 어떤 모습이기를 바라나요?

사진 출처

16쪽 https://www.shutterstock.com/ko/image-photo/sunrise-over-city-fuzhou-jiangxi-province-127102910

19쪽 https://commons.wikimedia.org/w/index.php?curid=20061804

21쪽 https://commons.wikimedia.org/w/index.php?curid=31609092

25쪽 https://commons.wikimedia.org/w/index.php?curid=3268675

31쪽 https://commons.wikimedia.org/w/index.php?curid=4104456

37쪽 https://commons.wikimedia.org/w/index.php?curid=22760291

38쪽 https://commons.wikimedia.org/w/index.php?curid=48346

45쪽 https://commons.wikimedia.org/w/index.php?curid=43360839

47쪽 https://commons.wikimedia.org/w/index.php?curid=5599364

48쪽 https://commons.wikimedia.org/w/index.php?curid=7812368

51쪽 https://www.shutterstock.com/ko/image-vector/wind-turbine-clean-energy-498668761

53쪽 https://commons.wikimedia.org/w/index.php?curid=24510770

55쪽 https://commons.wikimedia.org/w/index.php?curid=15924978

59쪽 https://flic.kr/p/9cMydL

61쪽 https://www.shutterstock.com/ko/image-photo/beautiful-wind-turbine-farm-sunny-day-530852926

70쪽 https://www.shutterstock.com/ko/image-vector/smart-grid-city-image-illustration-vector-263541794

71쪽 https://flic.kr/p/xvtQQi

73쪽 https://flic.kr/p/9fKZo1

74쪽 https://commons.wikimedia.org/w/index.php?curid=11967471

76쪽 https://flic.kr/p/eyVufF

79쪽 왼쪽 https://commons.wikimedia.org/w/index.php?curid=10263131

79쪽 오른쪽 https://commons.wikimedia.org/w/index.php?curid=36711162

85쪽 https://www.shutterstock.com/ko/image-photo/city-seoul-serious-fine-dust-605074484

87쪽 https://commons.wikimedia.org/w/index.php?curid=54083001

88쪽 https://commons.wikimedia.org/w/index.php?curid=21527669

90쪽 https://www.pexels.com/photo/sea-city-skyline-ocean-434/

92쪽 https://commons.wikimedia.org/wiki/File:Solid_oxide_fuel_cell_protonic.svg

94쪽 https://commons.wikimedia.org/w/index.php?curid=18245593

104쪽 https://commons.wikimedia.org/w/index.php?curid=27732010

107쪽 https://pixabay.com/photo-1022459/

108쪽 https://www.shutterstock.com/ko/image-vector/voltage-produced-by-pressure-piezoelectric-236457343

112쪽 https://pixabay.com/photo-2095215/

124쪽 https://www.shutterstock.com/ko/image-illustration/nuclear-fission-chain-reaction-digital-illustration-14083729

125쪽 https://commons.wikimedia.org/w/index.php?curid=38774770

126쪽 https://commons.wikimedia.org/w/index.php?curid=16924073

130쪽 위 https://www.shutterstock.com/ko/image-vector/fusion-process-vector-fission-523553875

130쪽 아래 https://commons.wikimedia.org/w/index.php?curid=27424742

133쪽 https://commons.wikimedia.org/w/index.php?curid=1169843

135쪽 https://commons.wikimedia.org/w/index.php?curid=3083238

136쪽 https://flic.kr/p/jBKWkX

141쪽 https://www.shutterstock.com/ko/image-photo/drinking-water-treatment-plant-sedimentation-tank-650816164

145쪽 https://flic.kr/p/87ud2c

149쪽 https://commons.wikimedia.org/w/index.php?curid=11038652

152쪽 위 https://flic.kr/p/59BaAE

152쪽 아래 https://www.pexels.com/photo/alaska-alaskan-friend-hiking-388075/

154쪽 https://commons.wikimedia.org/w/index.php?curid=29486030

161쪽 https://commons.wikimedia.org/w/index.php?curid=9387472

163쪽 https://commons.wikimedia.org/w/index.php?curid=39544881

167쪽 https://www.shutterstock.com/ko/image-photo/meat-cultured-laboratory-conditions-stem-cells-149114873

171쪽 http://www.freestockphotos.biz/stockphoto/17653

178쪽 https://commons.wikimedia.org/w/index.php?curid=41857967

180쪽 https://www.shutterstock.com/ko/image-vector/scheme-greenhouse-effect-sunshine-heat-earth-458417656

189쪽 https://pixabay.com/photo-973103/

찾아보기

찾아보기

다른 포스트

뉴스레터 구독

세상을 바꿀
미래 과학 설명서 2
지속 가능한 사회와 에너지

초판 1쇄	2017년 7월 28일
초판 7쇄	2020년 3월 1일

지은이	이세연, 유화수, 유가연

펴낸이	김한청
기획편집	원경은 차언조 양희우 유자영
마케팅	정원식 이진범
디자인	이성아
운영	설채린

펴낸곳 도서출판 다른
출판등록 2004년 9월 2일 제2013-000194호
주소 서울시 마포구 동교로 27길 3-10 희경빌딩 4층
전화 02-3143-6478   **팩스** 02-3143-6479   **이메일** khc15968@hanmail.net
블로그 blog.naver.com/darun_pub   **인스타그램** @darunpublishers

ISBN 979-11-5633-166-7 44400
　　　　979-11-5633-168-1 (세트)

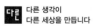 다른 생각이
다른 세상을 만듭니다